大人になった虫とり少年

〈編著〉
宮沢輝夫

朝日出版社

大人になった虫とり少年

本書の著者印税は、東日本大震災の被災者支援のために全額寄付されます。

プロローグ

昆虫少年という文化　アーサー・ビナード氏に聞く

アーサー・ビナード（Arthur Binard）　詩人。１９６７年７月、米国ミシガン州出身。20歳の頃、ミラノでイタリア語を習得。ニューヨーク州のコルゲート大学英米文学部卒。卒論で出会った漢字にひかれ、90年に来日し、日本語での詩作や翻訳を手がける。妻は詩人の木坂涼。２００１年、詩集『釣り上げては』で第６回中原中也賞を受賞。05年『日本語ぽこりぽこり』で第21回講談社エッセイ賞、07年『ここが家だ ベン・シャーンの第五福竜丸』で第12回日本絵本賞、08年『左右の安全』で第８回山本健吉文学賞を受賞。本業の詩作のほか、３・11以前から原子力発電や生物多様性、気候変動問題など環境分野で積極的に発言し、講演も多い。元昆虫少年を自称。

――昆虫少年という偉大な文化が日本にはあります。そう思っているのはこの本に登場してくれた〝昆虫おやじ〟ばかりですけど（笑）。ビナードさんは元昆虫少年を名乗っていますが、昆虫少年はアメリカにもいるんですすか

ビナード　もちろんいるよ。かく言うぼくが、そうだったからね。物心ついた頃からずっとミシガンの昆虫たちと見つめ合って、とりわけ、青や緑の金属光沢の胴体に漆黒《しっこく》の翅《はね》を持つミシガンのカワトンボが好きだった。チョウ類でいうと、ベルベットのような翅を持つキベリタテハに特別ひかれるものがあって、オオカバマダラ（モナルカチョウ）の翡翠《ひすい》色のサナギを見つけては、その羽化を待って観察したりもした。来日してからは日本ならではの甲虫類に夢中になったな。カブトムシとかクワガタムシは、アメリカにいない種類ばかりだからね。日本では屈指の大きさで5歳まで生きられるオオクワガタが注目され、憧れの対象になっているけど、ぼくはノコギリクワガタが大好きでね。20年前の夏に那須の山で出会った一匹は忘れられない。日本に来てよかったと、実感したんだね（笑）。もちろん、ぼくが子供の頃に抱いた将来の夢は、エントモロジスト（entomologist）、昆虫学者になることだったけど、幼なじみのバレット・クラインという奴が、本当にその道を歩んで立派な昆虫学者になり、ハチとアリの睡眠に注目して研究している。彼と話をすると、自分が選んだ道をちょっぴり後悔させられるんだけどね。

――アメリカに昆虫少年、という言葉はありますか

ビナード　字面《じづら》のまんまに訳すと「Insect boy」だけれど、これでは「昆虫のような少年」となってしまう。まあ、昆虫が好きな少年は昆虫に似てくる側面もあるけどさ。「Insect boy」に近い「甲虫少年」の「Beetle boy」は、アメリカで20世紀の終わりに、その題名の絵本が出版された。もっとも、昆虫のような少年の話でなく、カフカの『変身』[※1]のもじりで、主人公が昆虫になってしまう話だけど…。

――昆虫少年を英訳する場合はどうします？

ビナード　うーん。「Insect Buff」かなぁ。あるいは「Insect enthusiast」か「Insect admirer」といっ

たとこか。「Buff」は「夢中になっている人」という意味で、「虫フリーク」の「Insect freak」といった訳もありうる。「車キチ」と同じように「昆虫キチ」、あるいは「昆虫通」…ってな、感じだね。

――アメリカに虫の音を愛《め》でるような風習はさすがにないでしょう?

ビナード　アメリカ人は虫の鳴き声を雑音、騒音のように感じると、しばしば言われて、定説化しているけど、それはちょっと違う。昆虫の鳴き声が分かる人は、鳥の鳴き声と同じように、味わい、愉しんでいるのだけど、英語ではその鳴き声を表現する言葉が少ない。どうしても、日本語と違って多様な表記が用意されているわけでなく、それがネックになっているんだ。日本語で、セミは「ミーンミーン」「ツクツクボーシ」「カナカナ」、スズムシは「リーンリーン」、マツムシは「チンチロリン」――といった具合に、虫ごとに擬音語、擬声語があり、しかも歌にもなって、多くの人に親しまれ、認識されている。そうだから、すでにできている鳴き声を工夫して新しい擬声語もつくれるでしょう。英米にはその土台となる言葉が乏しいので、英訳しようとする時に困る。もっと豊かに表せる言葉があれば、アメリカ人も、もっと注意して虫の鳴き声に耳を澄まして、鑑賞するようになるかもしれない。セミの鳴き声を「Chirp（チャープ）」とか「Trill（トリル）」といったりするけど、どちらもちょっと甲高すぎる。新しい擬音語、擬声語もつくろうと思えばつくれなくはないけど、アルファベット表記にせざるをえないから、結局、音が伝わるものと伝わらないものが出てきちゃう。どう読んだらいいか、発音が分からないものは、作品には迂闊《うかつ》に出せないし、それが造語の手かせ足かせとなっているよね。工夫してつくっていきたいと思ってはいるんだけど…。

――日本の場合、昆虫少年と聞けば、麦わら帽子にランニングシャツの少年が虫捕り網を手に、肩からは虫かごをさげているという姿がすぐにイメージされます。米国では、こういう共通イメージはないですよね？

ビナード　それはたしかに、そう。昆虫少年の姿が、古き良き時代の日本を象徴する里山風景の一部にさえなっていることは素晴らしい。昆虫図鑑に注目して比べてみると、日本のもののほうが充実していて出版点数も多い。しかも、アメリカの昆虫図鑑がほとんど日本語訳されて、書店に並んでいることには、びっくりさせられる。たいして良くないものも、堂々と翻訳されてしまっているけど（笑）。いずれにせよ日本では、世界のいろんな昆虫の本が読める。『ファーブル昆虫記』の翻訳もたくさん出ているよね。アメリカで『昆虫記』を読もうと思ったら、おそらく図書館か古本屋で探し求めるしかない。

――日本に来てから、日本の昆虫少年たちと交流しましたか

ビナード　昆虫好きな人同士は出会うのも早いんです。来日して、まだ詩集も出していない頃だったけど、昆虫写真家の今森光彦[※2]さんと一緒に虫捕りに行った。福音館の編集者の紹介で、雑誌『おおきなポケット』の企画でね。今森さんが夏休みに子供たちを引き連れ、アトリエを構えている琵琶湖の周りで、樹液に集まるカブトムシを観察したり、チョウを追い回したりした。ぼくはただくっついて行っただけだけど、昆虫少年、昆虫青年、昆虫おじさんと、たくさんの出会いや交流があった。初めて見た琵琶湖と里山の風景はなんとも美しかったなぁ。

——昆虫学者にならず、詩人になったわけは？

ビナード　虫じゃなくて、言葉の専門家になってしまった。ただ、昆虫観察にふけっていたことと、今の執筆の仕事とはつながっているな、と感じている。二十歳すぎて、日本語という言語にひかれて、夢中になったのも、子供の頃、昆虫に夢中だったこととつながっているんだ。日本語の文字のすさまじい多様性が面白い。表音文字と表意文字があって、中国に比べると後者は略されておらず、とにかく佃煮《つくだに》にするほど字がいっぱいある。それが昆虫の世界の無限の多様性と似ているんだ。例えば、哺乳類《ほにゅうるい》の好きな人って、どこか全体が見渡せるというか、種類は一応、ある程度、把握できちゃう。いや、哺乳類だってとても多様性に富んでいるんだけど、昆虫に比べたらちょっと次元が違う。昆虫の営みのすごさ、個体数の多さ、驚異的な繁殖力、そうした無限というべき豊かさや多様性は、昆虫の好きな人じゃないと、逆に圧倒されて、逃げ出したくなってしまう。それは、何万文字もある漢字、象形や指事《しじ》や会意《かいい》の六書《りくしょ》、それに加えて楷書、草書など、無限にある表記の可能性とかなり類似している。昆虫も、日本語も、本当に好きでないと、その豊かさが重荷になってしまうような気がする。

——なるほど。昆虫と日本語との関係でこんな視点があり得るんですね

ビナード　ぼくの勝手な思い込みかも知れないけど、昆虫が好きな人は漢字も好き。漢字の多様性を受け入れる力がある、ということなんだ。アルファベットの26文字で十分だという人は、昆虫にも夢中にならない。昆虫少年はアメリカにもいるわけだけど、日本に比べて少ないのは、もしかしたら言語と関係しているのかも。アルファベットの26文字の枠の中で育った子たちは、有限の、境界線がはっきりしている分野に、自然と入っていきやすいのかな、と。

――昆虫少年を育てる試みや活動についてはどう思いますか

ビナード　世界中の生物の中で、昆虫が一番すごい力をひめているんだよね。人間は自分たちが世界を支配しているつもりでいるんだけど、本当に偉いのは、最も多様性に富んでいる、昆虫だ。地球のことをいろいろ教えてくれるし、こっちが環境を壊さない生活をしようと思ったら、昆虫との付き合い方がとても大事になる。昆虫少年と昆虫少女を多く育てることは、持続可能な農業や産業につながっていく可能性もある。だから、昆虫採集を単純に愉しむのはもちろんいいけど、それだけじゃなく、より高い次元での〝昆虫教育〟が大事になると思うね。

――最近の昆虫界で興味を持っていることは?

ビナード　昆虫と原子力との関係の歴史と、これからの見通しだね。１９５４年3月16日の読売新聞朝刊に第五福竜丸のスクープ[※3]が載った。その記事を読んで、人々は放射性物質の人体への影響について考え出した。チェルノブイリの原発事故で、ふたたび〝死の灰〟が北半球に広がり、人々は人体への影響を心配して、この四半世紀の間に多くの人が犠牲になった。ところが、人間の都合で、人間の時間軸で、人間のみ見つめていれば「人体への影響」が把握できるかというと、そうじゃないんだ。研究者の報告によると、チェルノブイリ原発事故によってひどく汚染された地域では、ミツバチが一切飛ばなくなった。放射能にやられてしまい、棲息ができなくなったというんだ。その結果、果物も一切ならなくなったそうだ。樹木は残っているんだけど、受粉ができないため、実を結ばない、という現象が起きているんだって。これらはいずれ人間も生活できなくなることを物語っている。日本では、毎年8月6日と9日に原爆の日がやって来るわけだけど、「シャアシャア」というクマゼミの鳴き声は、原爆の日にささげられる黙とうの時間を満たす。ただ、実際に原爆が投下された時は、クマゼミも被爆して死んでいたわけだから、一帯は静かだったのではないかと思う。

——ミツバチの大量失跡は日本でも話題になりました

ビナード　日本の場合、原因はネオニコチノイド系の農薬だろうと、ぼくは個人的に思っている。〝フクシマ〟によって、どんな影響が出るかはまだ分からないわけだけど、ハチたちが人間たちに異変を教えてくれているんだよね。放射能汚染に関しても、カナリアが炭坑で毒ガス発生や酸欠を察知してくれたように、昆虫が知らせてくれる情報をぼくらがちゃんと耳を傾けてキャッチして、ハチたちが今どうなっているのか確かめて、物事を決めていかないと、果実もならなくなり、人間の生活も成り立たなくなってしまう。ウクライナ、ベラルーシの昆虫たちに、ぼくらがしっかり注目していれば、放射能汚染のむごたらしさに目覚めて、〝フクシマ〟を防ぐことができたのではないかとさえ、個人的には思うよ。人間の歴史の中で、昆虫は畑の美味しいものを食べてしまい、農家と張り合ってきた、敵対とまではいかないけど、競争相手ではあった。でも、より大きな環境汚染に対しては、人間も昆虫も同じ生き物としての仲間なんだよね。ミツバチたちがどのような影響を受けるか、森のカブトムシやチョウチョがどうなるのかは無視できない。彼らとぼくらとはみんな同じ舟に乗っているんだ。ミツバチが影響を受けていたら、人間も大なり小なり必ず影響を受ける、これは当たり前のことなんだけど、今、ぼくらがしっかりと認識したいことだよね。

――国難に直面した日本で、昆虫少年の存在意義はありますか？

ビナード　（昆虫少年の存在意義が）これからの日本では大きく変わってくる。放射能汚染という最も手ごわい問題に立ち向かう時は、昆虫の力を借りることが必要になる。昆虫を観察することで、この狭い列島でどう生きていけるか、その知恵が見えてくる。昆虫はうるさい存在だと思っている人も少なからずいるけど、これからはもっと生き物同士の協力体制を築くことが重要になるはず。昆虫嫌いな人もちょっとばかり我慢して協力してほしい。ミツバチが絶滅したら大変でしょう。必死になって守らなければならない生き物がまだたくさんいる。日本の将来は昆虫少女と昆虫少年の双肩にかかっているといっても過言ではないと、ぼくは本気でそう思っているんだよ。

※1　『変身』は、プラハ出身の作家フランツ・カフカ（1883〜1924）の代表作。ある朝ベッドで目覚めると巨大な虫になっていた独身の青年グレゴール・ザムザと家族を描いた中編小説。

※2　今森光彦氏は1954年滋賀県生まれ。『今森光彦　昆虫記』（福音館書店）は独・仏・韓国語に翻訳された。『里山物語』（新潮社）で第20回木村伊兵衛写真賞、作品「昆虫　4億年の旅」で第28回土門拳賞受賞。

※3　第五福竜丸は、太平洋マーシャル諸島のビキニ環礁で米国が行った水爆実験により被災したマグロ漁船。「第五福竜丸事件」は、原水爆禁止の運動が広がるきっかけになった。

（インタビュー　2011年3月末）

もくじ

（登場人物の肩書きや年齢などは原則として取材時のままです）

第1章

昆虫少年の系譜
〜バカの壁からクオリアへ

1　人生で本気になれるのは虫だけ

養老孟司

養老孟司（ようろう・たけし）
1937年、神奈川県鎌倉市生まれ。解剖学者。東京大学名誉教授。『からだの見方』でサントリー学芸賞受賞。『解剖の時間──瞬間と永遠の描画史』（共著・布施英利）『唯脳論』『人間科学』『虫眼とアニ眼』（共著・宮崎駿）『バカなおとなにならない脳』『こまった人』『虫捕る子だけが生き残る』（共著・池田清彦、奥本大三郎）など著書多数。2003年刊行『バカの壁』は累計400万部超で新書部門の最高記録。

寿命が先か、標本完成が先か

戦後屈指のベストセラー『バカの壁』の著者であり、解剖学者の養老孟司さんは、超が付くほどの虫好きで知られる。そして私も新聞記者であると同時に、何を隠そう虫屋（昆虫を愛好する人の呼称）である。

秋が深まる神奈川県箱根町・仙石原の養老さんの別荘（通称：養老昆虫館）を訪ねた。養老さんの第一声は、「昨日から標本の整理に没頭していましてね。丸一日、何も食べていない。パンを買いに行きたい」だった。

養老さんを車の後部座席に乗せ、芦ノ湖方面のホテルのパン屋へ。緑豊かな駐車場でクロアゲハが上空を飛び、ヤマトシジミが草むらで蜜を吸う様子を眺めつつ待っていると、養老さんがニコニコしながらパンの袋を抱えて戻ってきた。

「仙石原では、ヒメビロウド（カミキリ）やセアカ（オサムシ）が捕れましてね」。車中で、養老さんのさりげない自慢話を聞きつつ、別荘に向かう。〝ヒメビロウド〟と〝セアカ〟は、虫屋ならば一生に一度はその姿をナマで拝みたい、草原性の希少種である。

天窓から午後の日差しがやわらかに差し込む一室。壁に組み込まれた標本専用の棚にずらりと、国内外の昆虫標本が並ぶ。ただ、採集品で標本となったのはごく一部といい、大半は翅《はね》、脚、触角などを整える展翅《てんし》・展足《てんそく》待ちの状態で保管されている。

養老昆虫館の標本室は博物館を思わせる（神奈川・箱根で）

「ぜんぶを標本にする前に、自分の寿命が先に来ちゃうかも知れないけれどね」と養老さん。だが、2階の棚にも標本箱を置く空きのスペースが十分確保されているところをみると、この先も標本箱を埋める気持ちは満々のようだ。

研究室には、作り付けの作業台に電子顕微鏡や光学実体顕微鏡、画像を映し出すディスプレーなどが置かれ、標本の作製はこの部屋で行われている。1センチに満たない虫の形を整える細かな作業を再開しつつ、採集時の思い出を語る養老さんは喜々として会話が途切れない。

雑虫をメジャー昇格させ一躍有名に

「虫を捕るときは、虫と目を合わせたら、ダメ。目を合わせた瞬間、虫はサッと逃げる。無関心を装って、虫を油断させて、捕まえるのがコツ」と養老さんは言う。確かに、昆虫採集の経験者であれば、だれもが思い当たるだろう。例えば、人間と視線が合うと、甲虫の一種のキマワリは木の幹を回って反対側に隠れる。同じく、カメムシ目のヨコバイは横ばいしながら葉の裏に身を潜める。あるいは、子供が大好きなクワガタムシの仲間には、人の気配がしただけで、ポトリと木から落ちて死んだふりをして、落ち葉や下草に紛れてしまう例もある。

「もっとも僕の採集法はビーティングが中心だから、はじめから関係ないけどね」(養老さん)。

ビーティングとは樹上などに生息する虫の採集法の一つ。枝葉の下に網を広げて持ち、棒で枝葉をたたいて落ちてくる虫を捕る。目で見て採集するわけではないので、目的の虫が必ず捕れるわけではないが、小型の甲虫類には効率の良い採集法で、おもわぬ珍種がネットに入ることもある。

甲虫好きの養老さんがお気に入りの虫は、体長6〜10ミリほどのヒゲボソゾウムシの仲間。種の分類研究が発展途上にあり、新種が見つかる余地も多分にあるなど未解明のグループである。このゾウムシに関心を抱いたのは、昆虫採集に明け暮れていた東京大学医学部生時代。小学生の頃から色々な種類の甲虫を採集し、図鑑で調べていた。が、ヒゲボソゾウムシ類は同定が難航した。納得ができず、自分で分類に取り組もうと思ったものの、大学院に進んで以降、昆虫と向き合う時間は年々削らざるを得なかった。

40年来の課題に再挑戦することができるようになったのは、東大医学部教授職を早期退官してからだった。もっとも、「僕はほんとうのところ、虫捕りがそれほどうまくない」(養老さん)ため、捕まえやすいこともこの虫が好きになった理由の一つらしい。現在、全国各地の虫仲間から提供されたものも含めて、蒐集したヒゲボソゾウムシの数は3万頭をゆうに超える。

このヒゲボソゾウムシはもともと虫屋の世界では雑虫と呼ばれ、いわば〝マイナーリーグ〟だった。ところが、養老さんがヒゲボソゾウムシの調査・研究に取り組んでいることが有名になり、この数年で〝メジャー〟に昇格した。今では、「養老ムシ」と呼ぶ人もいる。ただ、ヒゲボソゾウムシにとって、この地位向上が幸か不幸かは分からない。

高校時代から雑誌やテレビに登場

神奈川県鎌倉市に生まれ育った養老さん。昆虫少年としてのスタートは小学5年からで、とくに早くはない。だが、中学生になって行動範囲が広まると、加速度的にのめり込んで行き、高校時代には「鎌倉昆虫同好会」を結成して自ら会長を務め、1000種に及ぶ甲虫を蒐集するとともに機関誌『KABUTOMUSHI』を毎月発行。その活躍ぶりが評判を呼んで『科学読売』に次代の研究者として取り上げられたり、日本テレビのインタビュー番組に〈変わっている人〉としてゲストで呼ばれ、〈昆虫採集を趣味とする楽しさ〉について熱っぽく語ったりした。

戦後の混乱期が収まった1950年代、全国各地に昆虫同好会が次々と誕生した。指導者として重要な役割を果たしたのが、横浜正金銀行重役などを務めた磐瀬太郎（1906〜1970）氏だった。磐瀬氏は、東京帝国大学名誉教授で医師の父親から、昆虫趣味の薫陶を受けて育ち、戦後は鎌倉市の自宅で病気療養をしながら、研究者や昆虫少年と親交を深めた。外国語に堪能で、欧米のチョウに関する知見や文献に精通し、最新の情報をキャッチするといち早く紹介した。

養老家と磐瀬家は徒歩で2、3分の距離にあり、養老さんの母で開業医だった静江さんは磐瀬氏のかかりつけ医でもあった。磐瀬氏は『KABUTOMUSHI』に寄稿もしており、養老さんは常日ごろから、チョウの大家の謦咳《けいがい》に接するという、恵まれた〝昆虫環境〟で育った。

「磐瀬さんほど昆虫少年に尊敬された人物はいなかった。偉人といってもいいね」。取材の日、養

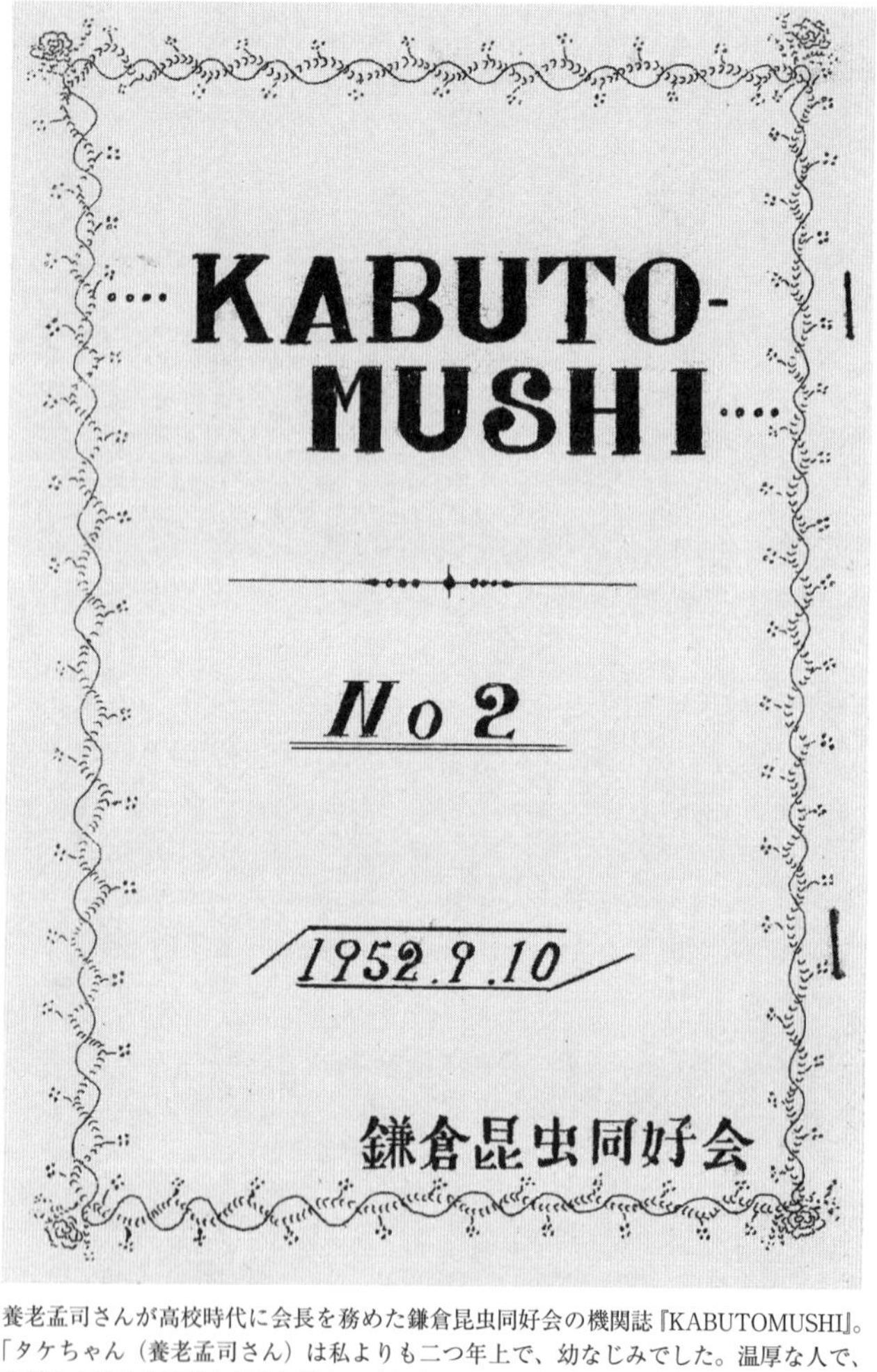

養老孟司さんが高校時代に会長を務めた鎌倉昆虫同好会の機関誌『KABUTOMUSHI』。「タケちゃん（養老孟司さん）は私よりも二つ年上で、幼なじみでした。温厚な人で、虫捕りも勉強も手取り足取り教えてくれましたね。『バカの壁』やその他の著書で書いている内容とほぼ同様のことを、当時からしゃべっていました。基本的な考えは、当時もいまも変わっていないんですよ」（資料提供の山崎和男・広島大学名誉教授談）

老昆虫館のテラスに面したダイニングルームで、そう回顧したのは群馬県藤岡市在住の布施英明さん。

布施さんは群馬大学教育学部在学中、鎌倉の磐瀬氏宅にしばしば通った。1950年頃、全国から集まった大学生を中心とする若者たちは「鎌倉蝶《ちょう》話会」と名乗って、互いの地域の昆虫情報を交換し合っていた。現在であればメールやメーリングリスト、ツイッターなどを利用するが、半世紀以上前の当時ははがきや電報が唯一の通信手段だった。電報の費用を浮かすために文字数を制限した結果、「暗号文みたいになった」(布施さん)というほど不便な時代。だが、若者たちの研究熱は旺盛だった。「普通は昆虫少年が大家にお近づきになりたい。磐瀬さんは逆。僕らが発表した文章を読んで、磐瀬さんのほうから『良く調べたね』『こうすればもっといい』などと、親しく声をかけてくれる。はじめてはがきをもらったときは、大感激した」と布施さん。

わが事のように喜んだこの道の大家

1951年には、東大医学部生の葛谷《くずや》健《たけし》氏(現・自治医科大学名誉教授)とともにスギタニルリシジミ※の生活史を解明し、読売新聞群馬版(6月1日付)は「群大生が学界多年の謎解く」との見出しで大きく報じた。磐瀬さんは布施さんの努力の成果をわが事のように喜んでくれた。

「大学生のお兄さんたちが集まっていたけれど、僕は正式なメンバーには入れてもらえなかったな」と養老さん。布施さんらが磐瀬さん宅に集まっていた頃、養老さんはまだ中学生で、大学生が口角泡飛ばす議論の様子を、部屋の隅で聞いていた。「鎌倉蝶話会」はその後、磐瀬さんの東京転勤などで自然消滅したが、メンバーはそれぞれの地元で、在野の昆虫研究家として指導的な立場で活動を続けることになる。

養老さんが東大医学部教授時代の1990年、東京芸大大学院で美術解剖学を専攻した布施英利《ひでと》さんが助手になった。英利さんは現在、芸術学者としてレオナルド・ダ・ヴィンチに関する著作などで有名だが、養老さんは当時、ふと気になることがあって尋ねた。〈昔、群馬に布施というチョウ好きがいた。知っているか…?〉。

〈それは僕の父ではないでしょうか〉――。

この出会いをきっかけに、養老さんと布施さんの交流が復活した。英利さんの結婚式の仲人を養老さんが務め、1998年からは「鎌倉蝶話会」のメンバーが年に1回、同窓会を開くようになり、2006年は完成したばかりの養老昆虫館が会場になった。布施さんがこの日訪問したのも、同窓会の打ち合わせが目的の一つだった。

「布施さんは群馬から鎌倉まで、自転車ではるばる来たこともあったな」（養老さん）、「今では考えられない不便な時代だったけど、それでも寝ても覚めても虫のことを考え、充実していたね」（布施さん）。〝昆虫老人〟を自称するお二人の虫をめぐる会話はこの日、尽きることなく続いた。

虫を考えれば環境問題に行き着く

養老さんは実は子供好きである。毎年、夏休みには昆虫採集教室も開いている。子供が好きな理由は、「自然と同じだから」だ。建物や自動車など人工物は人間が設計して作ったものだが、子供はそうでない。とくにお気に入りの子供の年齢は保育園や幼稚園くらいまで。「文部科学省の手が入る前だから。入っちゃうとだめになる」（養老さん）。

最近、養老さんは昆虫採集教室でこんな体験をした。小学生たちだけで山道を歩かせ、時間を置いて戻ってみると、小学生たちは道から外れず、ずっと並んだままでいた。「山に入らなければ虫となんて出来るわけがない、当たり前のことでしょ。僕が山に入っていくと、ようやく後から付いてきた」と振り返り、「敷かれた道を進んでいけば良く、皆と同じであることが善だと教え込まれた、そうした教育の象徴のように見えた」と言う。

昆虫はわけが分からないから好き

養老さんはなぜ虫が好きなのか。これは養老さんに限らず虫屋と呼ばれる大人が、他人から度々浴びせられる質問でもある。質問の前提には、いい大人が〝虫けら〟に熱中することは理解の外であるという認識があるのだろう。そのため、世の虫屋の中には昆虫趣味をひた隠し、カミング・アウトはもってのほかという立場を取る人も少なからずいる。

養老さんにずばり聞いてみた。

「論理が立たないことがたくさんあるところが好き。要は、わけが分からないから好きなのです」――。地球上の様々な気候や環境に適応して独自の進化を遂げた昆虫は100万種超とされ、全動物種の3分の2以上を占める。確かに分からないことだらけであるに違いない。

養老さんは若い頃、「本気になれたのは虫だけ」だった。東大医学部で解剖学者として働いていた頃は「修業に等しい」日々が続いた。昆虫採集できたのは、オーストラリアに約1年間研究留学した期間くらい。その当時は週に5日しか働かなかったものの、週末の虫とりで人間社会から離れ、リフレッシュしたため仕事漬けだった日本にいた時よりも、仕事の効率は良かったという。1995年に早期退官し、再び、本気になれる虫の世界に帰ってきた。この数年は、昔の日本の自然を思い起こさせるラオスにはまっている。

今も、「人生で本気になれるのは虫だけ」とためらいなく口にする。そう聞けば、400万部超を記録したベストセラー『バカの壁』をはじめ、環境やアニメに至るまで多分野の著作や対談集があるのを、いぶかしく感じるかも知れない。だが、養老さんにとって、虫のことを考えれば、環境のことを考えざるを得ず、環境のことを考えればエネルギーのことを考えざるを得ず、さらに政治を考えざるを得ず、つまりは人間とは何かを考えざるを得ないのだ。実際、養老さんの数々の著書は、昆虫採集を通じて感じたことをとっかかりにしたり、虫を比喩《ひゆ》にして表現したり、虫がらみで話を進めるパターンが典型的である。

新聞記者を辞めて農業しなさい

養老さんは愛国者だ。その著作を読んでいて薄々感じていたが、話を聞いて確信した。都会人を年に数か月間は地方に暮らさせ、農業や林業などに従事させる「現代の参勤交代制」の提言など、時に過激に聞こえる言動も、国の将来を憂える思いからなのだ。エネルギー源として石油が導入される高度経済成長以前、つまり1950年代後半までの日本のあり方に好意を持っており、その頃の暮らしの形式や知恵を高く評価している。第一次産業を重要と考え、そこで働く人たちを尊敬している。逆に、机上で考え、自然を肌身で理解しない、霞が関に代表される官僚を信用していない。

「僕の日頃の発言を乱暴だという人がいますがね、僕から言わせれば、昆虫に関心のない人たちのほうがよほど乱暴です。昆虫に無関心な人たちと一緒に山を歩いて、例えばゾウムシやコガネムシの種さえ区別せず十《じっ》把《ぱ》一《ひと》からげに『虫』と言っているのを聞くと、なんて乱暴な人たちだろう、と思う」。

養老さんが目下、積極的にかかわりたいと考えているのは、里山の復活である。里山は、人間が手を入れて保つ身近な自然のこと。薪炭やシイタケ栽培に使われるクヌギやコナラなどが生えたその場所は、昔の暮らしに欠かせなかった。実は、里山こそ、子供たちが大好きなクワガタやカミキリムシ、オオムラサキに代表されるチョウなど多種多様な昆虫の宝庫でもある。逆に、里山の崩壊とともに姿を消した虫は数知れない。

養老さんは最後に、若輩者の記者に心のこもったアドバイスをくれた。

「君も、いいかげん新聞記者なんか辞めて、農業をやりなさい。とりあえず食いっぱぐれる心配はないし、里山づくりに精を出せば虫もたくさん採集できるし…。今からでも遅くないから、ぜひ、そうしなさい」。

※スギタニルリシジミ　杉谷岩彦（１８８１〜１９７１）氏が１９１８年、京都・貴船山で発見した。杉谷氏の本職は旧制三高の数学教授で、教え子に岡潔、湯川秀樹、朝永振一郎の各氏らがいた。

2　チョウが能舞台の英気を養う

山本東次郎

山本東次郎（やまもと・とうじろう）
1937年、東京生まれ。大蔵流狂言方山本東次郎家四世。三世東次郎の長男。一般財団法人杉並能楽堂理事長。公益社団法人能楽協会会員。芸術祭奨励賞、芸術選奨文部大臣賞、観世寿夫記念法政大学能楽賞、エクソンモービル音楽賞（邦楽部門）、日本芸術院賞など受賞。紫綬褒章受章。重要無形文化財総合指定。著書『狂言のすすめ』『狂言のことだま』『山本東次郎家　狂言の面』『中・高生のための狂言入門』『蝶への旅』など。

公演の合間をぬい捕虫網を振る

「日本のチョウはたかだか250種。だから、野外で突然出会っても、どのチョウなのか、だいたいは分かりますでしょう。でも、外国のチョウは見慣れていないから、ハッとさせられる。子供の頃に感じた、ときめきを味わえるのがいいです」。着物姿の山本東次郎さんは自邸で、ずらりと並んだフランス産のチョウ標本を前に目を細めた。

東次郎さんは日本のチョウをほとんど採集したため、この10年ほど、海外でもチョウを追うことを愉しんできた。世界全体のチョウは、約2万種に及ぶ。2005年6月、フランスを巡演した際には、「公演のない日に1日だけわがままを言って」（東次郎さん）、一行と別行動を取った。南仏で捕虫網を手に駆け回り、数種を採集したものの4時間ほどで時間切れとなったため、その日の夕方には翌年の再訪を心に固く誓っていた。翌2006年7月上旬、こんどはチョウ採集だけを目的に訪仏し、ピレネー山脈のすそ野で、夜明けから日暮れまでチョウざんまいの1週間を過ごした。

外国行はそもそも「太陽の蝶《ちょう》」と呼ばれる、日本には生息していないパルナシウス属のアポロに会いたいがため。蝶友で、在野のチョウ研究家として著名な医師の菱川法之氏（札幌市在住）から、比較的採集しやすい場所としてモンゴルを勧められた。1996年に初訪問し、あこがれのアポロや同じパルナシウス属のノミオンに出会い、その後、1998、2008年の計3回。フランスには計2回、東南アジアのブルネイにも1回出かけた。

「同じパルナシウスでも、能面に例えれば、シンプルで高貴なアポロは（女神役の）『増女《ぞうおんな》』、赤い紋が派手なノミオンは（若い女役の）『小面《こおもて》』といったところでしょうか」（東次郎さん）。このチョウたちの属名パルナシウスは、ギリシャ神話で神々が集うパルナッソス山に由来し、世界で40～50種が確認されている。

2008年のモンゴル採集行では、大草原で1日中歩き続けてチョウを追いかけた疲れから、階段でつまずいて転落し、顔面を強打。虫仲間たちと別れて無念の途中帰国と相成り、硬膜下血腫のため手術するはめになり、一月《ひとつき》ほど舞台から離れた。「ほんとうに周りの人に迷惑をかけてしまってね。自分も70歳を過ぎたのだからと、反省しました」と、東次郎さんは顔を赤らめた。それでも、「周りの人によく言われるのですが、わたくしね、舞台の英気をチョウで養っている面は、否定できません。だから、これまで以上に気をつけながら、チョウを追いかけます」と、きっぱり。

ブルネイもまた、もう一度行ってみたい国だ。2004年12月に訪問し、そこで出会ったのは、熱帯ならではの極彩色のチョウたち。「ヨーロッパや極東とは違った魅力がまたあってね。ほんとうにチョウの世界は奥深いものだなぁと、再認識しました」。

厳しい稽古から楽園に誘う

東次郎さんの自宅は、本拠地の杉並能楽堂に隣接する。明治末、文京区本郷に完成した檜造りの舞台で、1929年、杉並区和田の現在地に移築された。都内では靖国神社の能舞台に次いで古い、

約60年前、カラスアゲハが飛んできた庭を眺める山本東次郎さん（東京・杉並能楽堂で）

由緒あるこの舞台で、東次郎少年が稽古を始めたのは4歳の時。当初は手取り足取りの指導だった師匠の父親は、日ごと容赦が無くなり、丸5年が経った頃には「出来ないとひっぱたかれ、けとばされた」(東次郎さん)。例えば、立ち位置一つとっても、説明なしにトコトン繰り返させられ、その数だけどなられる。どなり声がとばなかった瞬間、この位置が正しいのかな、と気づかされるのだ。年端のいかない子供にとって、こんな日々が辛くないわけがない。

夏休みも稽古の毎日。小学3年のそんなある日、舞台から見える庭の植え込みを一頭のチョウが横切った。瞬間、金緑色《きんりょくしょく》の光がきらめいた。「なんて、きれいだろう」。陽光に翅《はね》をきらめかせながら飛ぶ姿は自由を象徴しているようで、東次郎少年はチョウを羨望した。

チョウの正体はカラスアゲハ。翅の表面に青や緑色の金属色を持つことが特徴で、光の加減や角度で、キラキラと変化する。カラスアゲハは毎日のように、庭を往復し、それを見るごとにあこがれはつのっていく。「神々しさまで感じ始めてしまってね。厳しい稽古の場から、どこか知らない遠くの楽園に連れて行ってもらえるのじゃないか。そんな夢想をするまでになりました」。

庭は、舞台の見所(観客席)を拡張したため当時よりは狭くなっているが、今でも、あのチョウの子孫かも知れぬカラスアゲハが飛んでくる。

「当時もおそらく、蝶道《ちょうどう》があったのでしょうね」と東次郎さん。蝶道とは、主にアゲハチョウの仲間がいつも決まって飛ぶルートのこと。東次郎少年は自由を象徴するチョウとの出会いをきっかけに、本格的な虫屋として第一歩を踏み出した。

雑誌『新昆蟲』の〈昆虫採集ブック〉表紙に載った15歳の山本東次郎さん（右奥）

蚊帳で作った手づくり捕《ほ》虫《ちゅう》網《あみ》

「こんな古い資料が残っていましたよ」。東次郎さんが封筒から雑誌を取り出した。自然科学の書籍で定評のある北隆館が、1953年に臨時発行した雑誌『新昆蟲』の〈昆虫採集ブック〉。15歳の東次郎少年が、捕虫網を手に仲間と川辺で昆虫採集をしている様子が表紙に載っている。本格的な虫とり少年になった時期だ。

中学校に上がる前は、興味は持ったものの周りに虫屋がいなかったため、どのように採集し、標本にするのか分からなかった。たまに、雑誌『少年クラブ』などで昆虫採集が特集されることがあり、「いまと違って情報が少ない時代だっただけに、夢中になって読んだ」。捕虫網は、祖母からもらった古い蚊帳《かや》、太い針金、竹竿を材料に自作した。採集したチョウを薄紙に包んで保管する三角缶はボール紙で作り、展翅板《てんしばん》は菓子箱の杉板で代用。当時、駆けだしの昆虫少年たちは大なり小なり皆、こうした手づくり道具で昆虫採集にいそしんでいた。

東次郎少年は庭や空き地で、モンシロチョウを手始めに、キタテハ、ヒメジャノメ、キマダラヒカゲ、ゴイシシジミ、ナミアゲハ、クロアゲハ、そして、ついにはあのカラスアゲハも採集した。また、アオスジアゲハのような動きが早い難敵を攻略するため、何日にもわたって行動を追い、幼虫が食べる植物を調べもした。結局、家の屋根によじ登り、捕虫網を目いっぱい伸ばして初めてのアオスジアゲハを白いネットに収めた。「一度決めると、とことんやらないと気が済まない質《たち》」だけに、1年余りで一目置かれる昆虫少年に成長していた。

都内の私立中学に進学後は生物部に入り、その4月の3週目の日曜日には早くも高等部の生徒に連れられて、高尾山から小仏峠、景信山をめぐった。当時の昆虫少年にとって「通過儀礼」のようなコースで、現在では見られなくなった〝春の女神〟と呼ばれるギフチョウもいて、後にはギリシャ神話の西風の神に由来する美麗種シジミチョウのゼフィルス類にも出会った。「稽古では鬼のように怖かった父が昆虫採集で遠出することには寛容だった」ことが、意外であり、うれしかった。あくまで舞台や稽古が優先だが、父親の公演に同行した際は、その地で採集することも許してくれた。

「当時の採集行は、単独で行くことがほとんど。いつも舞台で人の目にさらされているでしょう。だから、人に会わないことが無上の喜びだったんですよ」と東次郎さん。中学2年の時には遠足をさぼって、一人で採集行に出かけたこともあった。「（遠足の）行き先はチョウがいないことが分かっているわけです。だって、つまらないでしょ。お寺なんかを見るよりはチョウチョ捕りのほうがいいやって、まったくけしからん生徒でね、わたしが先生だったらかんかんに怒ります、ええ」――。

チョウの色彩が装束にも影響

チョウ趣味に熱中したことが、狂言に具体的な影響を与えたことはあるのだろうか。私の問いに、東次郎さんはしばし考えてから口を開いた。「装束にはチョウの色彩との共通項があるように感じます。色の合わせ方は、同系色ではなく、反対色を使うのが基本。それでも異様だったり、違和感があったりしてはいけない。チョウの翅はたとえばギフチョウのように『黄、赤、白、黒』という鮮やかな色彩ですけれども、非常に綺麗《きれい》におさまっている。そんな色彩感覚をチョウという自然から学ばせてもらっていると思います」。

東次郎さんが中学生の時から心を惹《ひ》かれ始め、現在も好きなのが高山蝶《こうざんちょう》。学術的な定義はないが、一般的には本州で標高1500メートル以上、北海道で標高1000メートル以上に生息するチョウを指す。前者では橙色の紋を持つクモマツマキチョウ、後者では大雪山に由来するダイセツタカネヒガケなどが代表種で、国内では十数種が高山蝶とみなされる。天然記念物のため採集禁止の種もいるが、飛んでいる姿を見るだけでも「無上の喜び」を感じるという。

高山蝶には、無慈悲な風雪に耐え忍んで生きているがゆえの、ストイックな美しさがある。山本家は抑制的で奥深さが魅力の狂言方とされ、東次郎さんに高山蝶のイメージは似つかわしい。

2008年11月、群馬県高崎市で開かれた「狂言を観る会」主催の演目「蜘盗人《くもぬすびと》」。シテ（主役）の東次郎さんが身につけた装束は橙色《だいだい》だった。私の目にはそれがクモマツマキチョウを想起させる清々しい色合いに映った。

父の急逝で身辺が一変

子供ながらに狂言とチョウ趣味を両立させていた東次郎さん。十代半ばには、伝説的な「京浜昆虫同好会」の会員にもなった。この会は昆虫採集が最も盛んだった1950〜70年代にかけて、全国横断的な活動をして採集地案内を出版するなど、その影響は幅広くかつ深いものだった。

「解剖学者の養老孟司さん、元多摩動物公園園長の矢島稔さん、数多くのチョウ図鑑をまとめた藤岡知夫さんら、そうそうたるメンバーです。昆虫趣味という小さい世界でも、すごい人たちがいるなぁ、世間は広いなぁと、感動したものです」（東次郎さん）。

だが、27歳の時、身辺を一変させる出来事が起きる。当主であった父の急逝。東次郎さんは曲目「痿痺《しびり》」で、5歳の時にシテ（主役）として初舞台を踏み、キャリアは20年を超えていた。それでも、父の跡を取ってからは重圧に苦しんだ。狂言の曲は200番、狂言方が能の演者の中に入って演ずる間《あい》狂言もそれに近い数があり、約400番を覚えなければならない。「若造ですから、失敗すれば、あれは資格無しだ、と。自分のことだけでなく、一門の者がやるところも全部、把握していなければならない。立場上、『知らない』とは、言えないわけです。緊張の毎日で、気が休まらなかった」。いや応なしに、チョウの世界と疎遠になった。

父の急逝から13年後、東次郎さん不惑の年。北海道・富良野で狂言の公演が催された。2人の弟や次の世代も育ち始め、以前に比べればはるかに、心身とも安定していた。公演前、会場近くをぶらりと散策していた時、視界をチョウが横切った。北海道の厳しい冬を耐え抜いて、春先に姿をみせたタテハチョウの仲間だった。「ふと、心に浮かんだんです。そう言えば、おれにはチョウがあったなぁって。懐かしさがこみ上げて、なんだか、無性に、うれしくなっちゃって」。東次郎さんは30年以上前の再会を振り返る。

東京に戻るとすぐに、昆虫用品製造販売の老舗「志賀昆虫普及社」で、採集用具をひと揃い購入した。地方公演で訪れた先で、合間を見て捕虫網を振るうちに、昔の感覚が戻ってきた。各地の虫仲間の誘いもあって、気づけばすっかり〝虫とり少年〟に戻った40歳過ぎの自分がいた。

モンゴルの自然の急変が気がかり

東次郎さんは狂言方の論客としても知られ、執筆活動や地方での普及にも熱心だ。小学6年生の国語の教科書で取り上げられた狂言『柿山伏』では解説もしている。山本東次郎家の家訓は〈乱れて盛んならんよりは、固く守りて滅びんことこそ本懐〉。狂言を崩して現代に合わせるのでなく、本道をゆき、志を貫き通すという意味で、東次郎さんの生き方の基本でもある。

「皆、チョウを見ると、東次郎を思い出すらしいです」。そう言いながら、東次郎さんはおかしそうに笑った。プロの能楽師として認められた公益社団法人能楽協会の会員は、約1300人いるが、虫屋（チョウ屋）は東次郎さんだけ。それでもチョウに関する新聞記事の切り抜きを持ってきてくれたり、テレビ番組を教えてくれたりする人もいる。「海外旅行したお仲間が、ティッシュペーパーに包んだボロボロのチョウを持ってきてくれたこともありました。標本にはできないのだけれど、その気持ちがうれしくて、ありがたくちょうだいしました」。

ただ、最近はチョウをめぐって気がかりなことが増えた。一番最近に訪れたモンゴルでは開発が進み、大草原に空き缶やカップラーメンのゴミが捨てられているのを目にした。その10年前、初めて訪問した時には考えられなかった光景だった。日本では高度成長期の頃から、生息地が開発されてチョウがいなくなる地域が相次いだ。自然がまだまだ残っていると思っていたモンゴルのような国でも、「かつての日本と似た事態が進行しているのではと心配でたまらない」という。

「ところで、狂言方の引退はないのですか」。インタビューの最後に、私はそう口に出して、すぐにぶしつけだったかと思ったが、東次郎さんは苦笑しながらも答えてくれた。「自分で決めるのです。それは納得のできる舞台ができなくなった時でしょうね。でも、チョウ趣味はずっと続けたい。最近、（70歳代の）自分の年齢を考えると、例えば春にこのチョウチョが飛んでいるのを見られるのも、あと10回くらいかなぁと…」。一呼吸置いて、東次郎さんはしんみりと言った。「だから、これからの10年の日々、大切に過ごしたいと思うんですよ」。

3　『昆虫記』前人未到の個人完訳へ

奥本大三郎

奥本大三郎（おくもと・だいさぶろう）

1944年の啓蟄（3月6日）、大阪に生まれる。仏文学者。埼玉大学名誉教授。大阪芸術大学教授。NPO日本アンリ・ファーブル会理事長。東京大学仏文科卒、同大学院修士課程修了。ボードレール、ランボーを研究。『虫の宇宙誌』で読売文学賞、『楽しき熱帯』でサントリー学芸賞、『斑猫の宿』でJTB紀行文学大賞、『ジュニア版　ファーブル昆虫記』（全8巻）で産経児童出版文化賞受賞。『楽しい昆虫採集』（共著・岡田朝雄）、『完訳ファーブル昆虫記』（全10巻・20冊、刊行進行中）など著書多数。

親子らを前に、ファーブル昆虫館の集会室で講演する奥本大三郎さん（東京・千駄木で）

虫談義、飽きさせない奥本節

「ギシ、ギシ、ギシ…。カミキリムシはそんなふうに鳴くよね」。奥本大三郎さんは目を細めながら言った。30人ほどの親子が集った集会室。最前列の男の子がイスを揺らして音たてていた。母親にしかられたいたずらっ子は、こんどは両足を前に出しクツ裏で床を鳴らした。

「お母さん、ぜーんぜん、かまいませんよ。こんどはクツワムシ（キリギリスの一種）が鳴き始めたのかなぁって、そう思いながら、話しますので」。飄々《ひょうひょう》とした奥本節に、会場は笑いの渦に包まれた。

２００９年３月中旬、東京・千駄木にある「虫の詩人の館　ファーブル昆虫館」で開かれた講演会『神話と虫の名』。奥本さんは最初に、翅《はね》の目玉模様が特徴のクジャクチョウを例に挙げた。

「学名は *Inachis io* ですね。イオ（*io*）はギリシャ神話でゼウスに愛されたイオのことですが、ゼウスは妻のヘラに浮気がばれるのを恐れ、とっさにイオを真っ白な雌牛に変えてしまう。そのイオの悲しみの涙がチョウの翅に落ちて、クジャクチョウの眼状紋（目玉模様）になったと言われています」。

かつて東南アジアで虫仲間が発見した、世界屈指の美麗なチョウの学名に〈ヒカルゲンジ〉と付けたところ、気の置けない間柄だった国立科学博物館の昆虫学者・黒沢良彦（1921〜2000）氏から、「外国産のチョウにそんな名前を付けるもんじゃない、ばかもん！」としかられたエピソードを織り交ぜる。奥本さんの諧謔《かいぎゃく》に富んだ話術は聴く者を飽きさせない。

3トン・トラック10台分の標本

「現代の子供たちに昆虫や自然とふれあい、その素晴らしさを体験するきっかけを提供したい。その拠点がこの建物というわけです」と奥本さん。管理するNPO日本アンリ・ファーブル会に賛同する理事は、解剖学者の養老孟司、昆虫写真家の海野和男、資生堂名誉会長の福原義春、衆議院議員の鳩山邦夫各氏ら、各界の名うての虫屋が名を連ねる。

ファーブル昆虫館は2006年3月6日、二十四節気の啓蟄に合わせてオープンした。地上4階地下1階の建物は、奥本さんの自宅を取り壊した跡地にある。南仏サン・レオン村のファーブル生家を再現した地階と、昆虫記に登場するフンコロガシ（スカラベ）やツチバチを標本展示する1階部分が、一般公開されている。集会室は3階で、最上階（4階）は自然科学系の書籍や原書などの文献収蔵と、研究室を兼ねたスペースだ。

圧巻は、奥本さんが小学5年から現在までに蒐集した昆虫標本を集めた2階の収蔵室。「3トン・トラックで10台分くらい」（奥本さん）に及ぶ国内外産の標本が収められている。「小学4年の標本はヒョウホンムシに食われてしまい、それが無いのが少し残念」と主《あるじ》は語るものの、日本蝶《ちょう》類学会初代会長、五十嵐邁《すぐる》（1924~2008）氏の※コレクションが近々収蔵される。五十嵐さんは在野の研究者でありながら、アジア産チョウ類の生活史に関する図鑑の執筆で世界中の昆虫学者を瞠目させたことで知られる。

昆虫標本製作教室も定期的に開かれており、少人数を基本とし、初級から上級まで用意されている。夏休みの自由研究に限った一過性のものでなく、昆虫少年少女を本腰で育てようという、奥本さんの並々ならぬ気概の表れと映る。ただ、現実には思うに任せぬ面が少なからずあるのも事実だった。「塾や習い事など、いまの子供たちは忙しすぎる。『昆虫採集会に誘わないでください』と、お母さん方から怒られてしまう。目の前の試験や受験の邪魔になると思うんでしょうね。大学でも、教養を軽視する傾向が目立っていて、パソコンとか情報処理とか、企業ですぐに役立つ人間をつくることばかりに力を入れている」――。世間ではマイノリティーの虫屋として生きてきた奥本さんは、博物学的な探求や芸術への没入など、実利に直結しない教養を学ぶことこそ、大学の存在意義の第一と考える。しかし、そうした自身の考えが、大学でも少数派となっていることを嘆かずにいられないのだ。

図鑑に魅せられた少年

「虫との対話が自分を育てた」。奥本さんはそう語る。4歳の時、大阪・貝塚市で製粉会社を経営していた父親が捕ってくれたオオヤマトンボが、記憶に残っている虫との初めての出会い。その後、児童向けに翻訳された『ファーブル昆虫記』を読み、昆虫のユニークで多様な暮らしへの関心が高まった。好きな虫の筆頭であるフンコロガシ（スカラベ）を知ったのも『昆虫記』からだった。

結核性の股関節カリエスを患い、小学2年のクリスマスの直前から小学5年の夏休みまで自宅のベッドで寝たきりという、はたから見れば気の毒な少年時代の一時期を過ごした。闘病中、不憫《ふびん》に思った父親が昆虫図鑑を買い与えてくれ、奥本少年は諳《そら》んじるほどに読み込んだ。

文字通りの枕頭《ちんとう》の書になった図鑑は、漢字、カタカナの文語体からなる『原色千種昆蟲図譜』（1933年）と、叙情的な表現が随所に織り交ぜられる『原色日本蝶類図鑑』（1954年）の2冊。前者は平山修次郎著・理学博士松村松年《まつむらしょうねん》校閲、後者は横山光夫著・理学博士江崎悌三《えさきていぞう》校閲で、共に名著として世評も高かったが、作り手の個性や時代背景が色濃く出たのが特徴でもあった。

二つの図鑑の対照的な文体を奥本少年は繰り返し読んで身につけ、このことがいま、希代の名文家と呼ばれる礎になった。とくに、『昆蟲図譜』の〈臺灣《たいわん》に産スル大形美麗種ナレドモ稀《まれ》ナリ〉といった簡潔な文体に心底魅了された。「なのに、いまは長ったらしい文章を書いているのだけれどね」と、奥本さんは照れたように口元をほころばせた。

ちなみに、早春に羽化するギフチョウやヒメギフチョウが野山に姿を見せると、メディアが季節の話題として取り上げることが多いが、新聞記事で決まり文句のように使われる〈春の女神がかれんに舞う〉などの表現は『蝶類図鑑』の「酸化変質したもの」というのが、奥本さんの辛口の批評だ。もっとも、奥本さんは希少なチョウを絶滅させる犯人として、昆虫採集家をやり玉に挙げるマスコミに人一倍憤りを感じていることを、差し引く必要があるかもしれないけれど。

空想の世界でチョウとたわむれる

自宅療養が続いていた小学生時代、奥本さんは学校の授業の代りとして、家庭教師から勉強を教わった。古今東西の文芸作品、偉人伝などを収録した戦前発刊の『小學生全集』も読破して、学力は十分すぎるほど身に付いた。校長の計らいで、担任が自宅を訪問してテストを受けることで進級を許された。

その当時、父親や、住み込みの女性の看護師が昆虫採集を手伝ってくれた。奥本少年はしだいに、採集品を標本に仕上げ、コレクションを増やしていく愉しみを覚えた。南方の昆虫に憧れ、捕虫網を手に艶《あで》やかなチョウを追いかける空想の世界に遊んだ。文学好きな昆虫少年が誕生した。

「昔の田舎の学校だから、おおらかだったんですね。いまでは進級は無理でしょう。でも、こんなことを言うと怒られますが、学校に行かなかったから、良かったのです。退屈と憧れを交互に味わっていた病床の少年期が、いまの僕をつくったのは間違いない」。

当時の奥本少年は、昆虫の姿を万年筆や鉛筆で模写することにも凝り、紙が無い時は指を使って、空中に虫たちの輪郭を描いた。その癖は半世紀余り過ぎたいまも残っているという。

少年時代の未来図はかなわなかったが…

九州大学の昆虫学の権威で〝虫聖〟と尊称された江崎悌三博士の弟子になり、昆虫学者になる——。それが奥本少年の抱いた未来図だった。実際、小学6年の夏休みには父親に伴われ、『蝶類図鑑』（校閲・江崎博士）の著者で在野のチョウ研究者、横山光夫氏宅を訪れ、数十分足らずだったが大人の虫屋の日常をかいま見る機会もあった。しかし、そうこうするうち、大学や研究機関の昆虫学者は害虫の防除を研究することが主で、ファーブルのような博物学的アプローチは時代遅れとみなされ、まして好きなチョウや甲虫だけを対象に追求することは到底かなわないことと分かった。

当時の昆虫少年の多くが未来図を軌道修正し、別に職業を持ちながら、趣味で好きな昆虫の研究をライフワークにしようとした点では、奥本さんも同様だった。

中学校に上がると、吉川幸次郎氏や桑原武夫氏ら、戦後の京都学派の著書を好む、早熟な文学少年の顔を見せるようになった。『昆蟲図譜』と『蝶類図鑑』の文体を自家薬籠中《やくろうちゅう》の物としていたから、難しい文章の読解はお手の物で、作文も大得意なのは当然といえば当然だった。そうした中、しっくりくると感じたのは、仏文学者が書く文章。高じて大学は仏文科に進み、フランス留学を経て、ついには大学の教壇に立つことになった。ただ、「『ファーブル昆虫記』の翻訳、ましてや本邦初の個人完訳を手がけるようになるとはその頃、まったく想像もしていなかった」（奥本さん）。

昆虫記の初邦訳は大杉栄

『ファーブル昆虫記』を初めて本格的に邦訳したのは、大正時代の高名なアナキストの大杉栄だ。奥本さんはその翻訳について、「なにより、文章に勢いがあるのが、大杉の翻訳の良さ」と説明する。『昆虫記』第1巻の序文で大杉は、自身の未発表であったファーブルの評伝から引用する形で、〈実は四五年前からファブルを読みたいと思っていたんだが、暫《しばら》く獄中生活をしなかったので、其《そ》のひまがなかった〉（原文は旧字体）と記す。大杉は投獄される度に外国語を習得する「一犯一語」を信条にしていた。この序文ではさらに『昆虫記』の完訳や、『科学の詩人』と題したファーブルの評伝の出版を宣言している。しかし、第1巻が叢文閣から出版された翌1923年、大杉は『科学の不思議』を共訳した妻・伊藤野枝と、甥《おい》とともに憲兵によって虐殺され、38年の短い生涯を閉じる。

その後、叢文閣とは別に、複数の出版社が『昆虫記』の翻訳を相次いで刊行するものの、奥本さんは大杉訳を最も評価する。「大杉は『昆虫記』を心から愉しみながら翻訳しており、その文章には自由柔軟な精神と知性が感じられるから」だ。原題は『昆虫学的回想録』(Souvenirs Entomologiques)となる本書を『昆虫記』と、後世に引き継がれる簡潔かつ、見事な題名にしたのも大杉だった。

「ダーウィンの『種の起源』も訳していることから分かるように、社会主義者も自然科学の方法を学ぶべきというのが大杉の持論でした」と奥本さん。こうした背景に加え、権威や固定観念にあらがうファーブルの生き様に、大杉の精神の波長があったことは間違いない、という。「ほんとうに昆虫を分かっていて書いているのかな、と思われる節もあることは、大杉も他の翻訳者と同様です。ただ、それを差し引いても、大杉の訳はいいですね、ほめてもほめたりないほど、とにかくいい」。

大杉は晩年の鬼気迫る形相は別として、元来が美男子であり、女性にもてたことでも知られる。その大杉の若い頃、とくに最初の結婚当時の顔は、凜々しい目元や口ひげをたくわえた雰囲気が、奥本さんの若い頃と良く似ている。私は今回の取材の下調べでふと思い、そのことを伝えたところ、「そうですかね、ハハハ」と奥本さんは至極光栄といったふうな口調で言い、目を細めた。その表情からは大杉に対する隠しきれない親近感が、私には見て取れた。

ところで、大杉は間違いなく〝狂気〟をはらんでいたが、奥本さんもその点は同様でないか、と私は前々から確信していた。高校国語教師のK氏はアポロチョウなどの標本蒐集《しゅうしゅう》に給料の9割を注ぎ込むチョウ屋で、高山で滑落し、足を複雑骨折しながらも捕虫網を杖に1週間の採集行を続けた情熱家だ。このK氏は教員になる前、奥本さんからチョウの標本製作を頼まれ、1年間ほどアルバイト料を得ていたが、いわく〈ここだけの話、モンスターですよ、奥本さんは!〉と語っていた。私は驚いた。というのも、日頃、K氏の蒐集ぶりを〝モンスター〟のようだとひそかに思っていたからである。それにしても、K氏からモンスター扱いされる奥本さんっていったい…。ご本人も告白している。――〈ミもフタもない事を言ってしまえば、虫屋とは、虫いじりという一種の狂気《フォリー》によって精神の健康を恢復《かいふく》している人種のことであり、狂気の一切ない人は自分でそう思っているほど健康ではない（中略）虫によって私は慰められてきたし、これからも虫なしでは生きられない〉

（『虫の宇宙誌』あとがき）。

周囲からの〝圧力〟が高まり完訳へ

奥本さんの完訳『ファーブル昆虫記』（全10巻・20冊、集英社）は今年（2009年）3月現在、「7巻上」まで刊行された。これまでの完訳はいずれも複数人による翻訳だが、奥本さんのように、完全に一人で刊行するのは初めてのことで、空前絶後との評判も立つ。「文章に品格とユーモア」（阿川弘之氏）「端正な文章」（田辺聖子氏）――など、現代日本を代表する小説家の両氏からも推挙の言葉を献じられる。個人完訳は、奥本さんしかなしえないことは、間違いないと言えるだろう。

ところで『昆虫記』の完訳を志したのは、それほど昔でなく、1980年代になってからだった。雑誌『ユリイカ　詩と批評』に「ヒストリア・アニマリウム」の題名で、80年1月号から丸一年連載した、虫にまつわるうんちくを語ったエッセーが評判になり、書き下ろしを加えて出版した『虫の宇宙誌』が読売文学賞を受賞（1981年）。「これを機に虫屋であることが広まってから、周囲の人間や出版社から、『昆虫記』の翻訳を進められるようになった」と奥本さん。

これ以前、虫は趣味で、という少年時代に自ら課した不文律を堅持する気持ちが、ファーブルを無意識に遠ざけ、詩人ランボーの研究に精魂傾ける「まっとうな仏文学者の道」（奥本さん）へと、向かわせていた。だが、周囲は放っておかず、〝圧力〟は強まるばかり。大杉の『昆虫記』翻訳に助力した詩人の平野威馬雄氏への長時間インタビュー（『アニマ』1984年9月号）を経て、ついに文芸誌『すばる』で『昆虫記』の連載がスタート。第1巻は2005年11月に上梓された。

新たな活動、学校に日本の広葉樹を

完訳『ファーブル昆虫記』の刊行が折り返し地点を過ぎた2008年春から、奥本さんが熱心に進めているのが、日本に昔からある在来の広葉樹を、学校や大学に植える運動だ。始めて1年足らずですでに一小学校、一大学から了解を得ている。

「街路樹ではプラタナスやユーカリ、公園の木立でもヒマラヤスギなど外来種の植物ばかり。日本にもともといる昆虫が寄りつかないので虫害に遭いにくく、管理するのが楽だから。役所は植木屋さんに丸投げしているのです」と、奥本さんはため息をひとつ。しばらく思案するように黙ってから、ゆっくりとした口調で続けた。「例えば、小学校にエノキを植えれば都心でもゴマダラチョウは育つでしょうし、オオムラサキだって飛んでくる。そうした小さな森を各地につくるわけです。なにも、チョウが飛んでくるからだけで、こんなことを提言しているわけではありません。在来の樹木を育てないことは、文化の断絶にもつながるんです。日本画、俳句、和歌——日本の伝統的な芸術は、花鳥風月を基本としているんですから、ちょっと考えれば分かることですよね」。

※その後ファーブル昆虫館での「五十嵐邁コレクション展」開催を経て、東京大学総合研究博物館に収蔵された。同博物館には2011年のブータンシボリアゲハ調査隊（原田基弘隊長）副隊長の矢後勝也氏が勤務している。

4　昆虫写真の世界トップランナー

海野和男

海野和男（うんの・かずお）

１９４７年、東京生まれ。写真家。日本自然科学写真協会（ＳＳＰ）会長、ニッコールクラブ顧問。東京農工大農学部卒。『昆虫の擬態』で１９９４年日本写真協会年度賞受賞。『蝶の飛ぶ風景（Butterflies）』『大昆虫記』『世界珍蝶図鑑　熱帯雨林編』『昆虫写真マニュアル』『すごいムシの見つけ方』『昆虫顔面図鑑』『世界の珍虫１０１選』『蝶の道――Butterflies』など著書多数。

先駆的な取り組みだったウェブサイト「小諸日記」

東京・九段北のマンション10階にある海野和男写真事務所。五つ、六つと並んだパソコンの液晶モニターの一つに、数日前の「小諸日記」に載ったレンゲ畑のモンシロチョウが映っていた。「小諸日記」は、海野さんの公式ウェブサイトの人気コーナーで、アトリエのある長野・小諸市をはじめ、国内外の写真を文章とともにアップしており、1999年8月11日から毎日、更新されている。

「最初の頃は、その日に撮った画像をその日に載せるのがすごいとみなされて、一番に重要だった。インターネットの環境が整っていなかったので、旅先では画像を1枚アップするだけで一晩中かかったりした。いまはブログが普及し、当たり前にやっている人がたくさんいるけど、さ」と海野さん。

「小諸日記」の閲覧者（ページビュー＝PV）は、多いときには1日当たり2万5000から3万人もあり、平均でも1万人を超える。月に換算するとPVは35万ほどになる。「多くの人に見てもらえることは、ほんとうにうれしい。惜しまれるのは、最初の3年間くらいの写真は、画質に問題があって印刷に堪えないこと。それでも、10年続けて感じるのは、撮影の日付や撮影地などのデータが自動的に残るのがとても便利だなぁ、と。例えば、その年のチョウの初見日《しょけんび》は『小諸日記』を見ればすぐに分かるし、地球温暖化の影響だって、こうして続けているからこそ、見えてくる。フィールドノートの代わりになっているわけですよ」。

ネイチャーフォトの分野で、最も早い時期にデジタルカメラを本格的に導入した海野さん。1998年11月に最初のデジカメを手にしてから3か月後には、「小諸日記」を断続的にアップし始めた。画質を重視するプロの間では、長らく、デジカメの導入に二の足を踏む人も多かったが、「最初に触ったとき、これっきゃない」（海野さん）と確信した。現在、プロ機種の一眼デジカメは、風景写真などで使われるポジフィルムの中判カメラの画質を凌駕《りょうが》する、といわれるまでになった。

チョウの写真を通じてロスチャイルド家と交流

海野さんはネイチャーフォトの写真家として、世界的にみても、先頭集団を走り続けてきた。とくに、チョウの撮影に関しては、自他ともに認める第一人者だ。

海野さんの虫仲間で仏文学者の奥本大三郎さんは『虫権利宣言』（朝日新聞社　1995年）の中で、〈ロスチャイルド家にミリアムさんという研究家がいて、その人に言わせれば海野さんの写真が世界一なんだそうです〉と述べている。実際、ミリアム・ロスチャイルド氏は1980年に来日した折、書店で海野さんの写真集をたまたま目にして感動し、後に自身が著したバタフライガーデンを紹介する本で、海野さんの作品を複数採用した。1998年、海野さんは90歳近くになっていたミリアム氏とロンドンで再会、大邸宅の庭でトンボを撮影し、それらをもとに翌99年、ミリアム氏の姪の夫が運営するトンボ博物館で写真展を開いた。こうしたフィルムによる作品発表の一方、この頃はデジカメで試行錯誤を繰り返していた時期でもあり、「現在の機種とは比較にならないほど性能は低かったけれど、（デジタル撮影の）未来を信じて、一生懸命に研究した」（海野さん）。

ついでながらミリアム氏が提唱するバタフライガーデンとは、チョウを庭に呼び、自然との共生を愉しむ庭造り。チョウは種によって好きな花や、幼虫が食べる植物が異なるため、多種類のチョウを集めるには知識や経験が物を言い、奥深い。海野さんも１９９９年、『花と蝶を楽しむバタフライガーデン入門』（農山漁村文化協会）を著し、最近は日本にも愛好家が増えつつある。

瞬間の「思いつき」が生んだ海野流撮影術

「思いつきが重要です」――。私が、自然写真家として大成した要因を尋ねると、海野さんは間髪入れずに答えた。

一眼レフのボディーに魚眼や20ミリ前後の広角レンズを付けて、ストロボを発光させ、飛翔するチョウを切り取る海野流撮影術。それまでの昆虫写真はマクロレンズで大写しにした、図鑑に出てくるようなカットがふつうだったが、海野さんは超広角レンズでチョウに肉薄して生息環境まで写し込む、かつてない作品を世に提示した。１９８４年６月、渓谷近くでテリトリー争いをするゼフィルス（美麗種シジミチョウ）の一種を目撃した際、とっさの思いつきで、21ミリの広角レンズでストロボを焚《た》いて撮ったのが始まり。２頭のチョウが互いにけん制し合いながら飛んでいる様子が、まるでスポットライトを浴びたように宙に浮かび上がった。その前例の無さから、合成写真と誤解を受けたほど、当時としては画期的な作品だった。

動物行動学者・日高敏隆さんの影響を受けて

「思いつき」を最も重視する海野さんの考え方は、動物行動学の第一人者で京都大名誉教授の日高敏隆さんの影響だ。海野さんは、日高さんが東京農工大の教授をしていたときの学部生だった。「自分で工夫することの大切さ。大学の研究室で実験器具を買うお金が無かったりしても、茶箱なんかを利用して作ったりとか、そういう日高先生の考え方には後々まで、とても強い影響を受けました。それと(もう一つ影響を受けたのは)、物事に取りかかるとき、最初から計画を理路整然と立ててやるのでなく、思いついたら、まずはやってみようという姿勢だね。実践主義、とでも言うのかなぁ」。

プロの写真家を目指し始めた頃、海野さんは日高さんにアドバイスを求めた。教員をしながらの二刀流で、という考えをぶつけると、〈学校の先生は教条的になるからやめなさい〉、写真学校に通うべきかを尋ねると、〈写真は人に教えてもらうもんじゃない〉——。

「結局、本を読めばたいがいのことは書いてあるわけだからね。それじゃあ、先生から直接学ぶことの意味は、先生の人生観や生き様を学ぶ、ということなのじゃないか、そう思うんだよね」。海野さんは日高さんについて語るとき、言葉に熱がこもる。「大学の先生といったら、とっても偉い人という印象があったわけよ。でも、日高先生はぜんぜん、偉ぶらないわけ。学生に対しても、まったく対等の仲間のように接してくれた。そうした日頃の態度というものも、すごく学んだなぁ」。

生涯の師である動物行動学者の日高敏隆さん（1970年頃、海野和男さん撮影）

虫歯治療で虫屋の歯医者と虫談議

「小さい頃から歯が悪いのに、とても臆病なので、歯医者が人一倍、苦手だった。けれど、母親から、『虫の好きな歯医者さんだから』と説得され、連れて行かれたんだよね」。

海野さんが昆虫少年だった頃、初めて会った大人の虫屋が東京・大久保で歯科医院を開業していた元軍医の宮川澄昭さん（故人）。医院は完全予約制だったため、虫歯の治療だけでなく、虫談議もじっくりとできた。

宮川さんは、新種のゾウムシを複数発見するなど筋金入りのゾウムシ屋（虫屋で特にゾウムシを愛好する人）として知られていたが、他の甲虫類や食樹・食草にも詳しかった。海野少年がチョウだけでなく、自然全般に飛躍的な知識を得ることができたのも、宮川さんの存在が大きい。高校2年の時、生涯の師となる日高さんと知り合ったのも、大久保の歯科医院でのことだった。

「宮川さんと日高先生は数軒となりの近所に住んでいて、戦前、一緒に昆虫採集をしていたらしい。もっとも、2人は20歳くらい歳が離れていたらしいけれど、昆虫に関しては対等に話をしていたそうです。『日高君はとにかく驚異的に頭脳明晰だった』と、宮川さんは語っていたね」と海野さん。「自分は人との出会いに恵まれているなと思えるのは、宮川さんという存在があったからこそ。戦前の東京の昆虫事情について聞いたり、一緒にマレーシアやインドネシアなど海外採集に行ったりもした。人生のキーパーソンだったことは間違いない」。

宮川さんについては、日高さんも著書『チョウはなぜ飛ぶか』（1975年）の中で、その出会いに触れている。日高少年がアオスジアゲハの幼虫を探そうと食樹のクスノキを見上げていたところ、〈幼虫ですか？〉と声をかけられてふりむくと、〈三〇歳くらいの、めがねをかけた背の高い人が立っていた〉――これが宮川さんだった。〈ぼくはたくさんのことを教わった。ちょうどぼくは歯が悪かったので歯を治してもらいながら、毎日といっていいほど宮川さんの家を訪ね、標本を見せてもらったり、採集地や採集のしかたを教えてもらった〉と日高さんは書く。時期こそ違えど、日高さんと海野さんはともに、宮川さんから一人前の虫屋に脱皮するきっかけを与えられた兄弟弟子だ。

昆虫少年に理解を示した母

海野家では、父親の影は薄く、母親の存在が大きかった。労働省（当時）の役人で婿養子だった父親は仕事一筋で、海野少年の関心事には無関心。その一方、母親の雅子さんは学者の家系だったせいか、好奇心旺盛で、昆虫の世界を探究する息子に理解を示した。雅子さんは〝ベス単〟と呼ばれたポケットカメラを持っていて、海野さんが写真好きになるきっかけともなった。海野さん自身が初めて所有したカメラは当時大ヒットしたフジペット（120サイズのフィルムを使った機種）で、小学4年生の時だ。

雅子さんは77歳で亡くなる直前まで半世紀近く、近所の小、中学生を相手に塾を開いていた。海野さんも、写真だけでは食べられなかった20代末までは手伝っていた。「母親は子供に教えるのが好きだから続けていたわけだけど、カメラやフィルムを買えたのはこの母親の塾のおかげだったね」。

人生観を変えた初の海外採集行

1969年、大学3年の春休み、海野さんは初めて海外を訪れた。フィリピン・ルソン島でチョウ採集に繰り出した初日、ルソンカラスアゲハをネットに入れた。このアゲハのオスはすでに、在野の著名研究者である原田基弘氏が採集していたものの、メスについては、海野さんが世界初の採集者となった。

海野さんにとって、この旅行は人生観が変わるような大きな意味を持った。「戦争が終わってまだ二十数年しかたっていない頃だから、当然、現地の人たちは戦前の日本軍のことを鮮明に覚えているわけですよ。今から考えると、よくあんな所で昆虫採集したな、と思うね。現地の農民に捕まって、危険な目にもあったし。いろいろな意味で、日本にだけいることが井の中の蛙だったと実感したね」。

帰国後、ノンポリだった海野さんは一転、学生運動に目覚める。「全共闘が教室に入ってきて、わーっとアジった。当時の自分は単純に共感して、運動に深くかかわっていく中で、自由な人生を生きたいと思うようになった」。

その頃、日高さんが『アサヒグラフ』（朝日新聞社）に連載していた「昆虫という世界」で、スジグロシロチョウのメスがオスの求愛を拒否する瞬間をとらえた、海野さんの写真が採用された。作品ではなく、学術資料の扱いだったが、高い評価を受けた。このとき、海野さんが初めて手にした原稿料は４０００円、大卒初任給が４万円に満たない時代。「これで生きていこう」――。昆虫写真家、海野和男が誕生した瞬間だった。

写真家と研究者を兼ねた船出

〈特別企画　〝渡り〟をする蝶、オオカバマダラ〉――。平凡社の動物雑誌『アニマ』（１９７９年7月号）に、米国のオオカバマダラ（モナルカチョウ）研究者のL・P・ブラウワー博士が寄稿している。オオカバマダラは５０００万から1億頭の規模で、４０００キロ・メートル余の移動を経て、メキシコの山中で越冬する特異な習性を持つチョウ。その16ページにわたる特別企画の写真を担当したのが、新進気鋭の昆虫写真家として活躍していた海野さんだ。

「当時は写真家であると同時に、昆虫の研究者であるという意識が強かった。プロの虫屋とアマチュアの虫屋の中間にいて、両者をつなぐ役割をしたいという気持ちだった」。実際、海野さんはその当時、メキシコ・ミチョアカン州で、オオカバマダラの新たな越冬地を突き止めるなど、昆虫研究者の肩書にたがわぬ活躍を見せていた。「いまは、自然と一般の人たちを結びつけたいという目標で、虫とかかわっている。昆虫研究者のつもりでいた駆けだしの頃とは、ずいぶんと意識が変わってしまった。でも、それだからこそ、うまく軌道に乗って、昆虫写真で飯を食えるようになったわけです」。

『アニマ』は知る人ぞ知る伝説的な動物雑誌で、監修者は日本の霊長類学の草分けの今西錦司氏と日本野鳥の会を創立した中西悟堂氏。国内外の研究者が寄稿したほか、ネイチャーフォトの世界で認知されるための登竜門的な性格もあり、海野さんやアラスカの写真家として世界的に有名な星野道夫氏ら、若手の精鋭が腕を競い合った。創刊から20年後の1993年に休刊が決まった時、読売新聞は1面の編集手帳で取り上げている。それほど一時期は影響を持っていた。

新聞社のデスクに鍛えられ

〈○○かなと思う〉。海野さんの公式ウェブサイト「小諸日記」でしばしば登場する独特の言い回しだ。私がそのことに触れると、海野さんは苦笑しながら言った。「大学時代から文章を書くことが苦手で、大嫌い。プロになってからも、雑誌に書くときは苦労したんだよね。『小諸日記』のその言い回しも、試行錯誤して文章を書いているうちに、なんとなく癖になっちゃったみたいだね」。

そんな海野さんだがプロの写真家として自立した頃、『アサヒグラフ』に「昆虫たちの意匠」を1年間連載し、苦手意識を克服した。字数が決まった短文を添えるのだが、朝日新聞のデスクから繰り返し書き直しを命じられ、簡潔明瞭にまとめられるようになったのだ。

海野さんが1989年に著した『昆虫写真マニュアル』（東海大学出版会）。特殊な撮影装置と技術が必要だった昆虫写真について、懇切丁寧に解説した画期的な本だった。いまは絶版だが、昆虫写真家を目指す人や、ネイチャーフォトに関心のある若者たちに多大な影響を与えた。それまでの昆虫写真といえば、登山家でもあった田淵行男（1905～1989）氏が発表していた、高山蝶やヒメギフチョウが有名だった。北アルプスの厳しい自然の中で生き抜くチョウの姿を、山岳写真の一つとして切り取り、田淵氏自身のストイックな生き様を投影したような、詩的な雰囲気が横溢した作品。が、海野さんの登場は、それまでのネイチャーフォトを初心者でも踏み込める身近な世界へと変えた。

私も、虫捕り少年から虫撮り青年になった大学時代、『マニュアル』（1992年　第3刷）を手に入れ、写真のイロハを覚えた。野山へ撮影に出かけたときも、この本をポケットに押し込み、たびたび開いた。この原稿を書くため、久しぶりに本書を手にとってページをめくると、露出やピントの合わせ方、ストロボの使い方などについて、細かな書き込みがあり、赤い線がたくさん引いてある。誰が見ても、夢中になって読み込んでいたことがうかがえる感じで、字が下手なこともあって、いささか気恥ずかしい。扉を見れば、こちらは海野さんの直筆サインがあった。その昔、海野さんの講演会か写真展に出かけた時、一ファンとしてこの本を持参し書いてもらったと記憶する。

「写真集はそうそう出せないから、ミニ写真集的な意味合いを込めて、好きな写真を載せたね。3万部だったと思うけど、この種の本としては大した売り上げなんだよ」。海野さんは『昆虫写真マニュアル』について、そう懐かしむ。

年少のライバル・今森光彦さん

こうして海野さんは名実ともに、昆虫写真の第一人者として認められた。当然、この分野の後輩も現れ始める。そんな一人が、海野さんより7歳年下の今森光彦さんだ。琵琶湖畔にアトリエを構え、「里山」の言葉を広めたことでも知られる。昆虫を被写体にしている写真家は少なくないが、元々が虫とり少年だったのはこの二人以外にそれほどいない。ただ、デジタルカメラやデジタル技術を積極的に導入した海野さんに対し、今森さんはフィルムにこだわり、デジタルの導入はつい最近という、写真観について大きな違いはある。

海野さんが、30歳で初めて本格的な写真集を出版し、都内で開かれたその出版記念会に、今森さんは関西の写真家に連れられてきた。海野さんは同じ分野の今森さんをかわいがり、撮影技術を教えたり、小学館など大手出版社からの仕事を紹介したりもした。

「その頃から10年くらいは、彼が上京するたびに僕の自宅に泊まるくらい、仲が良かった。海外にも3、4回、一緒に行った。スリランカなんかは、出版社の仕事とは別に、完全に二人だけで行ったこともあったなぁ。やっぱり、彼は優秀だったから、良い刺激を受けました」。そう語る海野さんの表情は、昔を懐かしむ柔らかな気持ちと、後輩に負けまいとする固い決意が入り交じっていた。

肩書はなんでもいい

海野和男さんの公式ウェブサイト「小諸日記」は、誤字がしばしば目に付く。文字の変換ミスが多いようだ。私は、「小諸日記」の熱心なファンの1人として、前から気になっていた。

「細かいことは気にしないいんだよね。気にしている時間もないいんだけど」。私の身もフタもない質問に、海野さんは一瞬驚いた様子で、苦笑い。「自分の名前もね、郵便物なんかでも、海野和男の〝男〟が〝夫〟だったり、〝雄〟だったりするわけ。でも、ぜーんぜん気にしない。最近、会長をしているSSP（日本自然科学写真協会）の文書でも、〝夫〟になってたのよ。さすがに、公式的な文書でそれはまずいから、直してもらったけど、さ」。

虫屋は、本来的には細かなことに気づく性格の人が多い。小さな昆虫の翅《はね》の模様や、触角の形のわずかな違いから、種を特定しようとする習慣が、子供の頃から身に着いているからだ。

「僕もね、元々は人一倍、細かなことを気にするタイプだった。その反動もあって、大人になってからは、わざと気にしないように、性格を変えようとした面もある。細かいことにこだわるより、大きなことに、こだわったほうがいい、いまではそういう考えです」と、自己分析。「肩書も、どうでもいいの。昆虫写真家、自然写真家、写真家、あるいはカメラマンでも、そちらで合うやつを使ってくださいって、皆さんに言っています。まあ、ニッコールクラブ顧問としての仕事では、ちょっと昆虫写真家じゃ、格好付かないかなと思って〝昆虫〟を外して、写真家、だけにしたりするんだけどさ」。

チョウがかわいくなって…

海野さんはその昔と比較して、昆虫に対する見方が大きく変化した。1997年、長野・小諸市にアトリエを構えてからだ。

「庭に、バタフライガーデンやエサ場を作って、毎日、チョウや甲虫を眺めるようになった。そうするとね、個体識別ができるようになるわけ。つまり、飛んでくるチョウが、昨日も来たやつだ、ということが分かるわけですよ。こうなるとね、そのチョウがかわいくなって、写真には撮っても、捕虫網で採ろうという気持ちはなくなってくるんだよね」。

海野さんはそう言うとパソコンに向かい、「小諸日記」を開いて、2000年9月3日の文章を口にした。次はその日記の引用。〈キマダラモドキは全国的にも数が少ないチョウだ。比較的明るい林に生息しているが、雑木林が放置されて茂りすぎたり、逆に切られてしまったりした結果減ってしまったものだと思う。小諸でもアトリエの庭以外ではほとんど見たことがない。このチョウはかなり長生きなようだ。餌台に来るのは決まって朝早くである。7月ごろは朝の7時過ぎ頃、今日は9時少し前に現れた。明るさに敏感なのかも知れない。7月の7時半頃の明るさは今だと8時半頃の明るさだ。こうやって時々来るチョウがどうやら同じチョウであることがわかると、チョウを採集してしまうことに躊躇せざるを得ない。ぼくはチョウの採集に反対ではないが、ぼく自身は、小諸に来て毎日同じ場所のチョウを見ていると、どうしても必要という時以外は採集したくない心境だ〉。

世界最大テイオウゼミの羽化を撮りたいなぁ

1947年生まれの海野さんは、団塊世代のど真ん中だ。還暦を過ぎたけれど、学生時代と体形は変わらず、好奇心も衰えない。デジカメの新機種が出たと聞けば、手に入れてテスト撮影をしてみないと気が済まない。

「写真家はね、生涯現役なんですよ。だから、写真業界は世代交代がゆっくりしている。それで、出席する会合によっては、僕が一番に若いほうだったりするわけです」。

海野さんは子供向けや新書など、今年（2009年）だけで12冊の本を出版する予定だ。インタビュー中も、電話がひっきりなしにかかってくる。助手で自然写真家の高嶋清明さんが昨年、晴れて独立したため、現在は写真事務所の業務を、ほぼ1人でこなしている。大忙しの海野さんだが、最後に、これから撮りたい被写体について尋ねると、目を輝かせた。

「（東南アジアに生息する）世界最大のテイオウゼミの羽化かな。だって、カッコイイに決まってるじゃん。迫力があって、すごいだろうね。近い将来に、なんとしても、モノにしてみたいなぁ」。

5　虫たちに学んだ科学《サイエンス》の心

白川英樹

白川英樹（しらかわ・ひでき）

1936年、東京生まれ。筑波大学名誉教授。日本学士院会員。東京工業大学理工学部卒。父親は軍医で、小学3年の時、母親の実家がある岐阜県高山市に移る。2000年、「導電性ポリマーの発見と開発」でノーベル化学賞を受賞。文化勲章受章。高分子学会賞、高分子科学功績賞、日本化学会特別顕彰など受賞。著書『化学に魅せられて』『私の歩んだ道――ノーベル化学賞の発想』『何を学ぶか――作家の信条、化学者の思い』（共著・大江健三郎）など。

60年前、白川少年が記した鉛筆書きの採集データ

鱗粉転写標本《りんぷんてんしゃひょうほん》を、ご存じだろうか。チョウやガの翅《はね》の鱗粉をのりでトレーシングペーパーに写し取り、台紙に張った標本で、生きたままの姿で翅を整える展翅《てんし》標本のように立体でなく、押し花のような印象だ。もともとはフランスで発案され、明治時代の昆虫研究家でギフチョウの命名者として知られる名和《なわ》靖（1857～1926）氏が、日本に導入した。名和氏は、岐阜県の財団法人名和昆虫研究所（付属施設として昆虫博物館）の創立者でもある。

私は先日、ノーベル化学賞受賞者の白川英樹さんにお願いして、約60年前の少年時代に作製したという、鱗粉転写標本を見せてもらうことができた。テーブルにずらりと並んだ47点の標本の一点一点には、中学2年生だった白川さんの鉛筆書きの文字で、採集データが記してあった。それらは例えば、このような内容だ。

〈オオヒカゲ♀　採集日：昭和25年7月23日　場所：松倉山　採集者：白川英樹　備考：林の中で取る〉。

昆虫採集に熱中した少年時代の記録

「大学進学で上京してから、標本箱の手入れがおろそかになって、ヒョウホンムシに食われて全滅

してしまいました。ところが、鱗粉転写の標本は残っていたんですよ。大したものではありませんが、子供の頃の記録ということで、懐かしさは感じますね」と、白川さんは少し照れたような笑みを浮かべた。

白川さんはこの日午後、東京・神田の学士会館で開かれる、ある科学賞の審査会に出席する予定で、その前に早く来て3時間ほど、会館内の一室で私との虫談議にこころよく応じてくれたのだった。

「こうしてお見せするのは初めてなんですよ」――。白川さんは講演などで、必ずといっていいほど昆虫採集に熱中した子供時代のことを語っている。鱗粉転写の標本が手元に残っていることを講演で触れたことはあるものの、その実物を公開したことはいままでなかった。

私は恐れを知らぬ虫屋的なずうずうしさを発揮し、こうして白川さんに頼んで、約60年前に白川少年が作製した鱗粉転写標本全47点を持ってきてもらい、初公開を画策したのであった。

渋く、派手さもあるスミナガシ

「この翅の色合いが何ともいいですよね。渋いし、派手さもある。好きなチョウだったなぁ」。スミナガシの鱗粉転写標本を手にして、白川さんは当時の記憶をたどるように口にした。スミナガシは、墨流し染めのような独特の翅の色合いを持ったチョウだ。

47点の鱗粉転写標本を一つ一つ点検すると、白川さんが中学2年生だった、１９５０年7月19日から9月28日にかけて採集したものであることが分かった。ヤマキチョウやクロヒカゲモドキなど、かつては普通種だったが、現在では数が減った珍しいチョウもある。台紙はところどころが赤茶けたり、染みがあったりして、いかにも年月が経っているのだが、それがまたいい味を出していた。

私が、鱗粉転写法を誰に習ったのかと尋ねると、白川さんは「それが思い出せないんですけれど、『子供の科学』かも知れない」と言う。『子供の科学』は大正時代に創刊された月刊の科学雑誌で、天文や物理、最先端の科学技術や新兵器を専門家が分かりやすく解説し、真空管式ラジオやピンホールカメラなどの工作記事、少年向けの科学小説も毎号掲載され、白川少年は熱心な愛読者だった。

『国立国会図書館月報』（２００９年７月　石田暁子）によると、沖縄・石垣島産のコノハチョウを研究していた名和昆虫研究所の所員が、虫害や破損に強い画期的標本として、鱗粉転写標本を学校に配布したという。こうした影響で戦前から戦後にかけて、小、中学校で広まった可能性もある。

また、私は都内で最大規模の昆虫愛好家の団体であるグループ多摩虫のメンバーに聞いてみた。日本蝶類学会理事でもある、弁護士の朝日純一さん（１９５３年生まれ）は子供の頃、ＮＨＫのニュースの特集コーナーで、鱗粉転写法の紹介を見た記憶があるという。また、師範学校出身の父親から教わったという人、小学校の夏休みの宿題で提出したという人、はたまた名和靖氏のひ孫の婿であった4代目館長の秀雄氏（故人）から直々に教わった、という人もいた。いずれも１９５０〜60年代の昆虫採集黄金時代に、少年期を過ごした人たちで、当時はなじみ深い標本作製法だったらしい。

手元に残った脇役のチョウたち

鱗粉転写標本では、鱗粉を写し取るためにトレーシングペーパーを使うが、白川さんは薬包紙で代用していた。当時、白川さんの父親は開業医で、薬包紙が身近に豊富にあったからだ。

そのため、47点の標本を子細に眺めると、製薬会社のエンブレムの印刷が、くっきりと残っているものもある。台紙となる画用紙は、白川少年が一枚一枚、長方形に切り抜いたもので、大きさが微妙に不ぞろいなのも、手作り感が漂ってなんだか面白い。

ところで、これら47点の鱗粉転写標本だけが、白川さんが採集したすべてという訳ではない。白川少年は、鱗粉転写標本以外に、展翅標本を20箱ほど所有していた。推定で数百から千頭前後の一般的な標本も作っていたのである。

「ミヤマカラスアゲハとかギフチョウとか、アゲハチョウの仲間が大好きで、そうした種類をえりすぐって、展翅標本にして標本箱に並べていたのです。標本箱は場所を取るし、何よりも、値段が張りますから。子供のこづかいでやりくりするには、そうするしかなかったわけです」と白川さん。

つまり、美麗なアゲハチョウの仲間は、生きた姿そのままで保存できる通常の展翅標本にして、どちらかと言うと地味なチョウたちは、鱗粉転写標本にしていた、というわけだ。結果として、白川さんの手元には脇役的なチョウたちが残った。

標本をエサにするヒョウホンムシは、持ち主が一番にお気に入りの標本から順番に食い始めると、虫屋の世界ではまことしやかな言い伝えがある。その点、白川さんも例に漏れなかったということだ。とはいえ、白川さんの場合、幸いにも鱗粉転写標本が60年の時を経て、しっかりと残っていた。

私はそれら貴重な標本の一つ一つを手にとって眺めているうち、捕虫網《ほちゅうあみ》を手に野山を駆け回る、日に焼けた白川少年の姿が思い浮かぶような気がした。

育てながら自然環境全般も学習

昆虫少年の多くがそうであるように、白川さんは、チョウの飼育や繁殖にも力を入れた。春の里山に現れるアゲハチョウの一種であるギフチョウは、最もお気に入りだった。また、チョウの世界で、〝ゼフィリスト〟という言葉があるほど人気が高いゼフィルス(美麗種シジミチョウ)も好きで、ブナ科の植物の枝や冬芽に産み付けられた数ミリの卵を採取し、幼虫から蛹、成虫まで育てた。

「チョウの幼虫の食草を得るために植物の種類を覚え、チョウはその植物のどこに卵を産み付けるかを知るために、植物の形状も丹念に観察します。少年時代は、形や色が地味でも横向きに咲く花、例えばカンアオイが好きでした。このカンアオイがギフチョウの食草であることを知って、チョウと植物の関係について、興味が倍増した覚えがあります」と白川さん。「昆虫採集を通じ、自然環境の全般を知らず知らずのうちに学んでいたことになりますね。同時に、集中力や忍耐強さも養われ、少年時代の昆虫採集が、後年の研究生活に役立ったことは間違いありません」。

朽ち木からモゾモゾとはい出した珍種中の珍種

「そうそう、虫仲間の上級生と、身近な採集フィールドだった松倉山で朽ち木をほじくっていたら、ガロアムシを見つけたんですよ」と、白川さんは目を輝かせながら言った。

ガロアムシは、フランスの外交官E・H・ガロアが1915年、栃木・日光中禅寺湖のほとりで発見した原始的な昆虫だ。一見すると、シロアリとハサミムシの中間のような姿で、体色は飴色をしている。朽ち木や石裏、洞窟《どうくつ》など湿気のある薄暗い場所に生息しているが、詳しい生態は未解明で、たいていの昆虫図鑑では〈古い型の昆虫〉あるいは〈生きた化石〉という言葉を使って、紹介されている。

「朽ち木の採集ですから、甲虫類でも探していたときだったのでしょうね。思いがけず、ガロアムシがモゾモゾとはい出てきて、びっくりしました。珍しい虫ですから、大学か博物館か、おそらく名和昆虫研究所に送ったところ、ガロアムシであると同定した返事が返ってきたのは記憶しています。ところが、標本はそれっきり戻ってこなかった。研究用にでもしたのかも知れませんねぇ」。白川さんはそう言っておかしそうに笑った。

不肖私も、ただ一度、愛媛県の山中で石裏からはい出してきたガロアムシを発見したことがあるが、予想外に敏しょうで、岩と地面のすきまに逃げられてしまった。後日、調べたところ、四国ではほとんど記録が無いらしいことを知った。このとき以降、何度か探したけれども、二度とガロアムシを見る機会はなく、悔しい気持ちがいまも残っている。最近の研究では、一昔前よりもずっと情報量が増え、日本産は6種ほどに分類されており、飼育下でライフサイクルも解明されつつあるようだ。

それにしても、白川さんが昆虫採集に熱中していた1950年前後、ガロアムシは珍種の名をほしいままにしていたはずだから、それを偶然に発見した白川少年はさぞかし、驚き、うれしかったことだろう。そのことは60年を経た今でも、白川さんのいくらか高ぶった口調から、はっきりと感じることができた。

学名 *Galloisiana nipponensis* ＝和名ガロアムシ。ガ・ロ・ア・ム・シ…。改めて、なんて、単純だけれど魅惑的な響きのする良い和名だろうか、と思う。この昆虫の名前を久々に、まったく思いがけず、白川さんの口から聞くことになろうとは想定外のことで、私は何だか、すっかり、うれしくなってしまった。

欲しかった昆虫用品の一覧を発見

さて、この原稿を書いているさなか、白川さんからメールが届いた。

〈家に戻って標本を整理していたところ、一枚の標本の裏面に当時欲しかった捕虫網やその他の標本作りに必要なものの品名、必要数、価格などが鉛筆で書いてあるのを見つけました。名和昆虫研究所に注文しようと思って、書き付けておいたものと思われますが、表側しか見ていなかったので今まで全く気がつきませんでした〉。

メールに添付された画像を見ると、採集・標本作製用具の名称――捕虫網、ピンセット、シガ昆虫針、舶来微針、昆虫針整理箱、微針専用コルク台、展翅板、展足版、ルーペ、小昆虫貼付用セルロイド台紙――が書かれている。

注文品の一覧は、〈シガ昆虫針　1 2 3 4 5号　1 0 0本入　………　55×5　………　10（1 8 5）〉といった具合に、品名ごとの個条書きになっており、判読しにくい部分もあるが、私なりに読み解いてみた。

例えば、この〈シガ昆虫針〉は、昆虫用品製造販売の老舗である東京・志賀昆虫普及社製の昆虫針だろう。1～5号の数字は針の太さだ。また、〈捕虫網〉の項を見ると、直径36センチで折りたたむことができる本格派を手に入れようとしている。はたまた、〈小昆虫貼付用セルロイド台紙〉の項では、50枚入を10セット、注文しようとしており、白川少年はチョウのみならず、小型の甲虫類なども相当数、採集していたことが推測された。いずれの項も、最後のまるかっこに、送料などを含めた各品目の総額が書かれている。

さらに、一覧の下には、枝葉をたたいて落ちてくる小型のカミキリムシやゾウムシなどを捕まえるビーティング・ネット（叩き網）とみられる図が描かれている。自作するための設計図だろうか。

「チョウ以外では、ハンミョウとかセイボウ（ハチの一種）とか、金属色のきれいな昆虫に魅力を感じましたね。カミキリムシやカメムシにだって、ほんとうに美しい種類がいるでしょう」――。

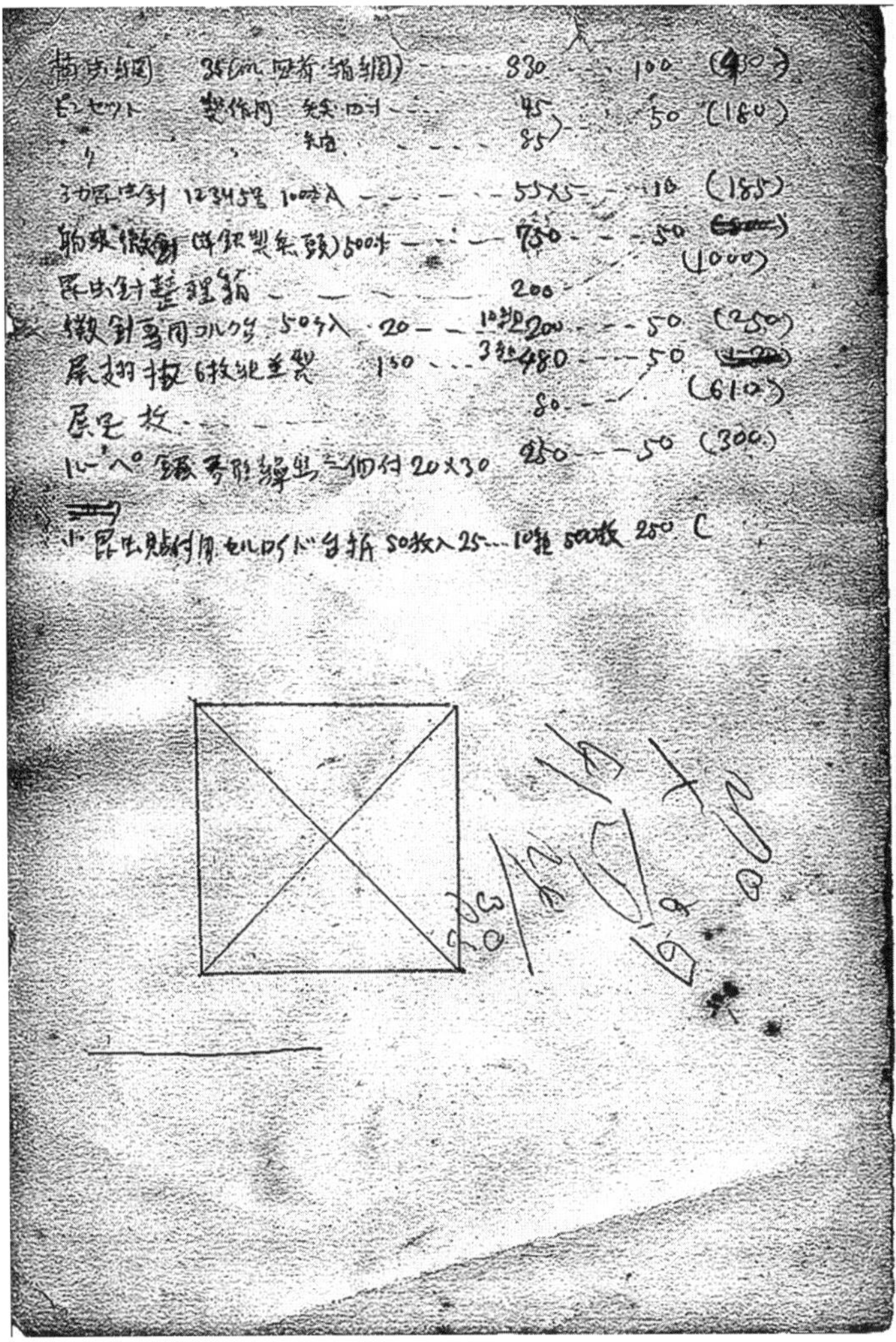

約60年前に白川少年がメモした昆虫用品の注文一覧（白川英樹さん提供）

今回出てきた注文品一覧は、白川さんのこうした証言を裏付けていると言える。

私は念のため、岐阜・名和昆虫博物館に電話で問い合わせたところ、現在でも、昆虫採集・標本用具を販売しており、特に昆虫針は、志賀昆虫普及社の製品が優れているので、戦前から販売しているとのこと。〝シガコン〟製の特徴は、有頭針の頭が針と一体で外れにくいこと、この頭自体が極めて小さいため、標本を固定した際に目立たない点などが優れており、外国製品との明らかな違いだ。

半世紀越しの決意で志賀昆虫へ

「3年くらい前から、横浜の自宅庭にツマグロヒョウモンが来るようになりましてね。ツマグロヒョウモンで間違いないとは思うのですが、捕虫網で捕って、しっかりと同定しようと、今年（2009年）の5月頃、志賀昆虫（普及社）に行ったんです」と、白川さん。「大学進学のために上京して間もなく、何度か足を運んだのですが、当時の私には敷居が高かったのです。それで、ついに中に入ることはできず、店先からショーウインドーに飾られた標本を眺めるだけで通り過ぎたものです。半世紀ぶりに、『今度こそは入るぞ』と勢い込んで出かけたのですが、移転した旨の張り紙があって、正直、がっかりしたんですよ」。

志賀昆虫普及社は、同社の設立者である志賀夘助《うすけ》さんが2007年、104歳で亡くなった後、東京・渋谷から品川のビルの一室に移転したのだった。虫屋で、志賀昆虫の製品の世話にならなかった人はいないだろう。往時の店構えを知っている虫屋のベテランの中には、昔を懐かしむ人が少な

東京・渋谷の宮益坂にあった志賀昆虫普及社（1980年頃撮影、志賀康太郎社長提供）。創業間もない昭和初期は戸建ての商店だったが、東京オリンピックがあった1969年、4階建ての鉄筋ビルになった。初代が亡くなった翌2008年、東京都品川区平塚2丁目に移転し、インターネットの通信販売を中心に営業中。「昆虫少年が減り、商売は決して楽でないが、昆虫趣味の素晴らしさを広めたいという、創業以来の志は今も変わりません」（志賀社長談）

くない。それにしても、白川さんと同社の間に、こんな半世紀に渡るドラマがあったとは。店先からショーウインドーに見入る学生服の白川青年と、移転を告げる張り紙の前で立ちつくす白髪の白川博士——両方の横顔が、私にはまるで見たかのように想像できてしまった。

志賀夘助さんは、華族の子弟らの趣味であった昆虫採集を一般大衆に広めた立役者としても知られる。その生涯は『日本一の昆虫屋：志賀昆虫普及社と歩んだ百一歳』（文春文庫PLUS）に詳しい。

ところで、ツマグロヒョウモンは、北方に分布を拡大しており、地球温暖化や、パンジーなど園芸スミレが冬場も流通するようになったことが、その要因と考えられている。そんな中、白川さんが同定のため、庭に飛んでくるチョウを捕って確かめようという姿勢はさすがが、サイエンティストであり、往年の〝虫とり少年〟であると思うのだ。

昆虫から植物に広がった愛着

「子供の頃から近視でしたが、不思議なもので、昆虫の動きは良く分かるんです。動体視力が良かったのでしょうか」。白川さんは岐阜県高山市で過ごした少年時代を懐かしむ。「昆虫だけでなく、雑木林にたくさんのシュンランが咲いていたり……。いまではそういう面影は無くなってしまいましたけどね」。

白川少年の昆虫を通じた自然への愛着はやがて、植物の世界にも広がった。医師の父親が所有していた顕微鏡を自由に使えたり、本棚には革の表装の重厚な図鑑があったりと、環境には恵まれていた。

そんな中、興味を引かれた植物の代表的なものに、食虫植物のモウセンゴケがあった。モウセンゴケは、葉の表面にネバネバした腺毛《せんもう》があり、ハッチョウトンボやアブ、ハエなどの小昆虫を捕らえ、それら獲物の体をじわじわと溶かしながら養分にしてしまう。

「図鑑で、昆虫を捕らえる不思議な植物がいると知って、どんな姿なのか、実際に見てみたくて、あちこちを探し回ったんです」と白川さん。「湿地に生えているのは知識としてあるわけですが、見つけることができない。ある日、近くの高校の文化祭でモウセンゴケが展示されていましてね。その実物を見てから、改めて湿地を見て歩くと、簡単に見つけることができた。実物を一度見たことで、モウセンゴケを発見する目が、養われたのでしょうね」。

白川さんは2003年、青森市にある東北大学理学部付属・八甲田山植物実験所で、モウセンゴケが赤い毛氈（もうせん＝毛織物）を敷き詰めたように生えているのを、初めて見た。「半世紀以上前の記憶とともに、モウセンゴケの名前の由来はこういうことだったのか、なるほどと、納得しましたよ」。

子供には教えないことが大切

「子供には教えないことが大切です」「出る杭は打たれ、変わり者は排除される。そういう風潮の日本の教育はだめです」——。

白川さんは、財団法人ソニー教育財団主催「科学の泉―子ども夢教室」の塾長を務めて、今年（2009年）で5年目になる。全国から集まった小学5年から中学2年生の約30人を対象に、毎夏、5泊6日の日程で野外活動を行っている。子供たちは異学年を交ぜたおよそ6グループに分かれ、指導員の教員とともに自然を探索する活動を通じ、自分たちで研究課題を探し出す。最終日には、保護者も合流した席で観察した成果を報告して、白川さんが講評する。

「『夢教室』を始めて、子供たちの様子で気になったのは『まだ、教えてもらっていない』と、盛んに言うことなんです。自分で考えて、調べたりする習慣がないんですね。これじゃあいけない」。

「夢教室」では、研究課題を子供たちが自ら探すことがポイントになっている。例えば、あるグループは最初の2日間、川の生き物の生態を課題にしようと魚の捕獲に挑戦したものの、道具不足もあって1匹も捕れないなど、うまくいかなかった。そんな折り、川辺をゆったりと飛んでいる大型のチョウを見つけて、臨機応変にテーマを変更するというようなことも茶飯事で起きる。予測不可能なことがたくさんある自然相手の活動ならではで、普段の学校の授業では、まずもって経験しないだろう。

「このときは子供たちが、ミヤマカラスアゲハの行動を良く観察して、一定のルートを往復して飛んでいることに気づいた。蝶道《ちょうどう》を発見して、捕ることに成功したわけなんです。このように自分たちで観察し、発見することが、何よりも大切なことです」と、白川さんは力説する。

子供たちは、図鑑の記述を読んで、ミヤマカラスアゲハの金属光沢の翅《はね》に興味を持ち、鱗粉の構造を顕微鏡で調べた。さらに、白川さんから直々に、展翅標本や鱗粉転写標本の作製法を指南してもらったのだった。

自然はいろいろなことを教えてくれる先生

「夢教室」の話を聞いて、私は思った。なんてうらやましい、幸運な子供たちなのだろうか、と。

「面白いのは、子供たちは普段の日常生活では嫌うような生き物に目を向けるんです。体長10センチを超えるヤマナメクジとか、ヘビとかクモとかね。興味津々で、喜んで、得意げに、そうした生き物を捕ってくる。指導員の先生方はギョッとしたりするわけですが、子供たちのそんな姿を見ていると、私は、ほんとうに楽しいのです」。そう言って、白川さんは目を細めた。

毎年3月、「夢教室」の交流会が都内で開かれ、夏合宿の研究課題で引き続き取り組んできた成果を、ポスターセッションで発表する。２００９年はＯＢやＯＧも含めて１００人ほどが参集し、同窓会のような雰囲気になったという。「何も、サイエンティストにならなくてもいいのです。画家でも小説家でも政治家でも、かつての昆虫少年はいろんな分野で活躍しているでしょう。『夢教室』のように自然の中で、自分の頭で考え、体験したことは将来にきっと役立ちます。実物を見て、本物に触れることが大切です。その意味で自然は先生であり、人生に役立ついろいろなことを教えてくれる」。

今も変わらぬ好奇心の塊

「どんなカメラを使っているんですか」。白川さんが、私が持参したデジタルカメラに興味津々の様子で言った。

白川さんは少年時代、顕微鏡と写真機を組み合わせて、アオミドロや珪藻《けいそう》、花粉などを撮影した経験を持っているそうだ。当時のプリントだけでなく、撮影した際のシャッター速度やＦ値を記したメモまで、現在も手元に残っているほどで、写真撮影の世界にも精通しているのだった。

私はこの連載では、インタビューだけでなく、写真撮影も一人で行っている。そのため、ズームレンズと単焦点の35ミリ・レンズを装着したデジタル一眼レフカメラ各1台、接写ができるコンパクト・デジカメを1台、つまり計3台のカメラをすぐに使えるよう、傍らに準備している。これらの機材に関心を示したのは、今回の白川さんが初めてだった。

私が、新機種のフルサイズ・デジタル一眼レフカメラはかつてないほど高感度に強く、ストロボを焚《た》かずに室内で人物撮影が出来るようになった旨を説明すると、白川さんは何度も大きくうなずいて、撮影素子の受光面積の大きさが、画質低下を防ぐことなどに言及したり、するのだった。

「一眼レフでも、液晶モニターが可動式で、低い位置からも撮りやすいカメラが出たでしょう。あれは昆虫や植物を撮影するのに便利だろうから、手に入れるつもりなんです」と、ほほ笑む白川さん。

子供の頃に好奇心を抱いたいろいろな対象について、何十年が過ぎても、ごく自然に関心を抱き続ける。白川さんは少年の心を持つ、知的好奇心の塊のような人なのだった。

◇

《追記》私は２００９年の年末、岐阜市の財団法人名和昆虫研究所（付属施設として名和昆虫博物館）を初めて訪ねた。大掃除の日だったにもかかわらず、5代目館長の名和哲夫さん（１９５５年生まれ）と、初代館長靖氏のひ孫の幸子さん（１９２８年生まれ）が、明治時代の三角紙に包まれたチョウ類の標本や、扇子の柄になった鱗粉転写標本など貴重な品々を見せてくださった。お二人によれば、白川さんが語ったガロアムシに関するエピソード（名和昆虫研究所に標本を送り、同定をしてもらったものの、標本の返却はなかった）は、ありえそうなことだという。当時は、「とくに返却希望がなかった場合、研究所で研究資料として利用したようだ」（哲夫さん）とのことである。博物館では白川さんが少年だった当時と同じく、志賀昆虫普及社製の昆虫採集・標本用具を扱っているほか、オリジナルグッズの販売も行っている。いずれも通信販売が可能だ。

（2011年3月5日記）

白川さんは2011年8月6日、ついに志賀昆虫普及社を訪れたそうだ。東京・渋谷区の宮益坂でなく、品川区に移転した店舗ではあるものの少年時代からあこがれた同社で直接、捕虫網や展翅板、虫ピン、『日本一の昆虫屋』（志賀夘助著）などを購入。さらに、志賀氏のコレクションが寄贈されている新潟県十日町市立里山科学館・越後松之山「森の学校」キョロロで、収蔵品（3800点超）を鑑賞されたとのこと。市がたまたま「科学の泉―子ども夢教室」開催候補地になっており、その下見の際に足を伸ばしたのだという。直前に読んだ『昆虫屋』で「森の学校」の存在を知ったそうで、いただいたメールの文面からは僥倖《ぎょうこう》を喜ばれている様子が熱く伝わってきた。

（2011年9月23日記）

6　ドイツ文学と虫屋、知られざるつながり

岡田朝雄

岡田朝雄（おかだ・あさお）

1935年、東京生まれ。独文学者。東洋大学名誉教授。日本昆虫協会副会長。学習院大学独文科卒、中央大学大学院修士課程修了。著書『ドイツ文学案内』（共著・リンケ珠子）『大学のドイツ文法』（共著・岩﨑英二郎）『新センチュリードイツ文法』（共著・在間進）『蝶の入門百科』（共著・松香宏隆）『楽しい昆虫採集』（共著・奥本大三郎）など。訳書として、ヘルマン・ヘッセ作品では『蝶』『人は成熟するにつれて若くなる』『庭仕事の愉しみ』『わがままこそ最高の美徳』『シッダールタ』『老年の価値』など、フリードリヒ・シュナック作品では『蝶の生活』『蝶の不思議の国で』ほか多数。

ヘッセ『少年の日の思い出』の誤訳を解明

ドイツ文学者の岡田朝雄さんの師匠のひとりは、ヘルマン・ヘッセの翻訳者として著名な高橋健二（1902〜1998）氏だ。ヘッセといえば、『車輪の下』『デーミアン』などの小説や詩文集で知られ、ノーベル文学賞も受賞した。とくに文学に興味がない人でも、『少年の日の思い出』はご存じではなかろうか。戦後間もない国定教科書の時代から今日まで、60年以上にわたって中学校の国語の教科書に採用され、もっとも多くの日本人が読んだ外国文学作品と考えられるからだ。

ところで、おおかたの日本人にとって、ヘルマン・ヘッセと高橋健二氏は一体、という印象でなかろうか。新潮文庫などで読むヘッセ作品の翻訳者は、必ずと言っていいほど高橋氏だ。

「そうでしょうね。高橋先生は個人全訳ヘッセ全集も出しておられますから」と、岡田さんは立派な顎《あご》髭をなでながら語った。「『少年の日の思い出』を中学3年の時に国定教科書で読んだときにも、わたしはそらんじるほど夢中になりましてね。ただ、登場する〝楓蚕蛾《ふうさんが》〟や〝黄べにしたば蛾〟などについて、この和名は正しいのだろうか、と疑問だったんですよ。そういうガの名前は聞いたことがありませんでしたから――」。

『少年の日の思い出』で、高橋氏は少年が盗んだ末に壊してしまう標本のガを楓蚕蛾《ふうさんが》と日本語に置き換えた。その訳は不適当であると岡田さんが指摘し、クジャクヤママユに修正されたことは、虫屋（昆虫にかかわる趣味を持つ人）の世界では有名だ。岡田さんが誤訳と気づいたのはどういう経緯だろうか。私は以前から知りたかったことを聞いた。

「大学時代、子供の頃からの疑問を解こうと、ドイツの図鑑や百科事典、ドイツから取り寄せた標本で調べました。楓蚕蛾と訳されていたNachtpfauenauge（ナハトプファウエンアオゲ／夜の孔雀の眼）は、3種いることが分かりました。和名がなかったので、大きい順に、オオクジャクヤママユ、クジャクヤママユ、ヒメクジャクヤママユと名付けたんです。この3種のうち小説に登場する種はどれかと考えたのですが、少年がポケットに隠すことを考えれば、オオクジャクヤママユでは大きすぎ、ヒメクジャクヤママユはどちらかといえば普通種ですから、小説中で珍品扱いされているることはおかしい。残るはクジャクヤママユとなるわけで、初稿の原題名『Das Nachpfauenauge（ダス・ナハトプファウエンアオゲ）』からも、妥当だと思っています。それと、黄べにしたば蛾と訳されていたGelbes Ordensband（ゲルベス・オルデンスバント／黄色い勲章の綬）はワモンキシタバのことでした」。

原作のドイツ語の誤植にも気づく

中学時代に抱いた疑問を突き止め、ドイツ文学の大家の翻訳に修正を迫る。虫屋ならではの探求心、こだわりの現れだろう。師でもある高橋氏に対し、岡田さんはどのような形で指摘したのだろうか。

「大学院時代、同人誌に、『ドイツ文学に現れた蝶と蛾』という論文を書きました。それが高橋先生の目に留まって、ちょっと自宅に遊びに来ないか、と。そこで、ドイツの図鑑や標本を持参して説明したところ、とても興味深げに聞いてくださり、わたしの提案通りに直していただけることになったのです」。

そもそも高橋氏が、『少年の日の思い出』を訳すきっかけは1931年、スイスで2日間にわたってヘルマン・ヘッセ宅を訪問し、帰り際、ヘッセ本人から〈列車の中で読みなさい〉と新聞の切り抜きを渡されたことだったという。そのドイツ紙に載っていたのが、『少年の日の思い出』だった。

「高橋先生のご自宅にうかがった時、実際に、切り抜きを見せていただきましたよ」と、岡田さん。

その歴史的な切り抜きを目にした時の気持ちは、いかほどであったか。私が尋ねると、岡田さんはもう一つのエピソードとともに答えてくれた。

「そりゃあ心底、感激しましたよ、もちろん。ただ、その新聞で一つ、誤植に気づいちゃいましてね。（当時の）高橋先生訳では、『これは黄べにしたば蛾で、ラテン名はツルミネア』というセリフが出てくるのですが、ワモンキシタバの学名は（*Catocala*）*fulminea*（フルミネア）のはず。新聞で確認したら*tulminea*（ツルミネア）となっていました。つまり、ドイツ紙の誤植だったんですよ。指摘すると、高橋先生は直すことを快諾してくれて、大学で使われているドイツ語のテキストで*fulminea*に、国語の教科書でフルミネアに訂正されました」。

それでは、高橋氏の誤訳の理由は何だっただろうか。私は聞いた。

「そうですねぇ。先生ご自身が、チョウやガ、昆虫採集の用語にあまりご関心が高くなかったことと、当時の独和辞典に誤りや不備があったこと、おおまかに言えばこの二つでしょうか」（岡田さん）。

「どくとるマンボウ昆虫展」を開催

２００８年、作家北杜夫さんの往年の名エッセー『どくとるマンボウ昆虫記』を具現化した「どくとるマンボウ昆虫展」を、二人の熱烈な北杜夫ファンが企画した。岡田さんが北さんから許諾をとり、虫仲間で栃木県庁職員の新部公亮さんが、展示品を作製した。新部さんはこの2年前、県北部の矢板市にある県民の森「マロニエ昆虫館」を、ほぼ手弁当でオープンさせたアイデア県庁マンである。

この「どくとるマンボウ昆虫展」は、『どくとるマンボウ昆虫記』に出てくる昆虫（１８３種）の標本に、エッセー中の文章を添えたものが目玉だ。北さん自身が約60年前、旧制松本高校時代に採集したデータ付きの貴重な多数の標本や、後年シンガポールや南米で採集したチョウ類の標本など、初公開の品々も含まれる。奥本大三郎さんはじめ全国の虫仲間から、物心両面の支援を受けた展示会は大好評となり、これまで「マロニエ昆虫館」や、長野・軽井沢高原文庫「堀辰雄山荘」など7都県の会場を巡回した。

北さんは、トーマス・マンなどドイツ文学を愛する文学青年であると同時に、昆虫の宝庫の信州で虫捕りをしたいがために松本高校に進学したほど、筋金入りの昆虫愛好家でもあった。長野・松本市の会場「山と自然博物館」には、北さん一家も来場した。「ひとつの文学作品の素材がこれほど完璧に集められたことは、ほかに例がないと思います。新部さんともども、文学系虫屋の先達である北さんのうれしそうなお顔を見て、展示会を企画してほんとうに良かったと、しみじみ感じ入ったことでした。そして、もう一つうれしいことがありましてね。軽井沢にご滞在中だった天皇皇后両陛下が『マンボウ昆虫展』が開かれている『堀辰雄山荘』にお立ち寄りになるという、光栄にもあずかりまして、喜びもひとしおです」（岡田さん）。

虫屋が企画した日欧文化交流

岡田朝雄さんは今春（2009年）、「マンボウ昆虫展」を成功させた新部さんとの名コンビで、「ヘルマン・ヘッセ昆虫展『少年の日の思い出』」を企画した。『少年の日の思い出』や『ヘルマン・ヘッセ　蝶』（フォルカー・ミヒェルス編　1984年）など、岡田さんが訳したヘッセ作品に現れるほとんどのチョウやガの標本と図版、詩文や絵画、写真などを展示するものだ。すでに、栃木県日光市、矢板市、長野県青木村で開かれ、「どくとるマンボウ昆虫展」に勝るとも劣らない好評を博している。2010年10月から年明けに掛けては、大阪市立自然史博物館で開催される。

岡田さんは髭面をほころばせながら言う。「この展示会は、"Hermann Hesse und die Schmetterlinge"（ヘルマン・ヘッセ ウント ディー シュメッターリンゲ／ヘルマン・ヘッセとチョウ・ガ）と題して、来年（2010年）2月中旬から7月中旬まで、ヘッセの生まれ故郷であるドイツ・カルフのヘッセ博物館で開催されることも決まりました。ドイツの編集者で、ヘッセ研究の権威フォルカー・ミヒェルス氏に伝えたところ、氏は大変興味をもちましてね。ドイツとスイスにある3つのヘッセ博物館に打診してくれたんです」。

「ヘッセ昆虫展」はドイツ・カルフのほか、期日は未定だがドイツ・ガイエンホーフェンのヘッセ・ヘーリー博物館、スイス・モンタニョーラのヘッセ博物館でも、公開される予定だ。「わが国で非常に有名なヘッセの作品『少年の日の思い出』を具現化した昆虫展を、ヘッセの故郷の人々に見ていただく。ユニークな文化交流になること請け合いです」（岡田さん）。

未知のコレクターから寄せられた驚きの真実

高橋健二氏亡き後、ヘルマン・ヘッセ研究の第一人者と目されるようになった岡田朝雄さん。ところが最近、こんどは自らの研究に修正を余儀なくされる体験をした。

ヘッセは終生、チョウやガに愛着を持ち続けたが、昆虫採集そのものは第一次大戦の勃発を機にやめた——はずだったが、その後も、昆虫採集を続けていたらしいことが分かったのだ。「ヘッセ昆虫展」の新聞記事を見た関西のガ屋（虫屋で特にガを愛好する人）から、ヘッセが1927年に採集した標本を手に入れたという、予期せぬ情報が寄せられた。

「いやぁ、びっくりしました。わたしはヘッセの書いたものをつぶさに読んで、ヘッセは1914年に、昆虫採集をやめたと判断し、岩波書店『図書』（PR誌）などにもそう書きました。フォルカー・ミヒェルス氏も同様の考えを述べております。いずれにせよ、わたしはこの点について、どこかで訂正する必要があるかも知れない、そう考えているところなんですよ」。

標本のラベルに「H. Hesse」のサイン

ヘッセ採集のチョウの標本を所持していたのは、大阪・摂津市在住の元高校教師、木下總一郎《そういちろう》さん。私が、木下さんに問い合わせたところ、丁重な手紙と資料を頂戴した。それによれば、ヘッセの標本を手に入れた経緯は次のようなものだった。

木下さんは1982年7～8月、東ドイツ（当時）在住でオーストリア国籍の虫仲間とヨーロッパを採集旅行し、帰国する際に立ち寄ったミュンヘンで、地元のコレクターから鱗翅《りんし》類（チョウとガ）の標本約100頭を購入。この時点で、木下さんは手に入れた標本の中に、ヘッセの採集品が含まれているとは夢にも思わず〈まったく想定外〉だった。日本に渡った標本は、木下さん宅の空調設備完備の収蔵庫で20年間ほど保管されていたが、〈私も先が見えてきたので博物館に寄付する準備をしよう〉と、木下さんは所有する5万頭を超える標本のうち、未整理だった数千頭の標本の分類整理に取りかかった。

標本のラベルを点検していた木下さんは、北チロルに分布するベニヒカゲの一種の標本に記された「H. Hesse」の文字に気づく。それは岡田さんが翻訳出版した『ヘルマン・ヘッセ　蝶』に出てくる、ヘッセのサインにそっくりだった。ラベルに記された採集日は〈1927年7月10～14日〉、採集地は〈オーストリア・インスブルックから24㎞南西、北チロル地方シュテューバイ・アルペン山脈、オーバーベルクの谷の最も奥にあるフランツ・ゼン・ヒュッテ〉。これを見て木下さんは、岡

ヘルマン・ヘッセの採集品とみられるパルテベニヒカゲの
標本（木下總一郎さん所有）

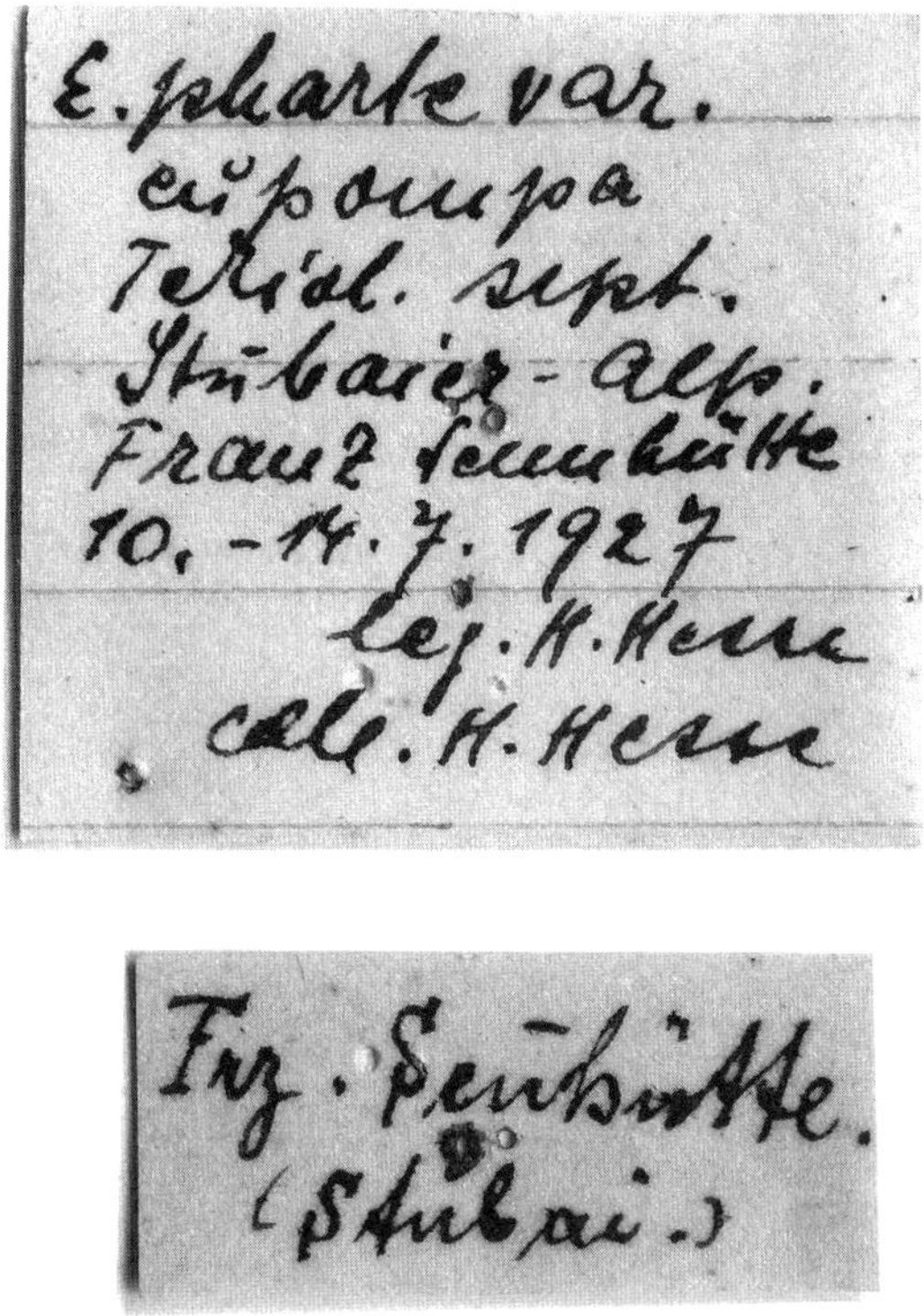

「H. Hesse」の文字が書かれた標本のラベル（木下總一郎さん所有）

田さんに鑑定を依頼しようと思い立ったそうである。

はたして、このラベルは正真正銘、ヘッセが書いたものであろうか。私が改めて尋ねると、岡田さんは慎重な口調で言う。

「この標本のラベルの字は、わたしはこれまでの経験から、ヘッセの字であろうと思っていますが…うーむ、断定はできません。1927年7月10日から14日の時期に、実際にヘッセが北チロルのフランツ・ゼン・ヒュッテへ行ったかどうか――。そのあたりから調べてみるつもりでおります」。

◇

この原稿を出稿しようとしたその日の早朝、岡田さんからメールが届いた。以下はその抜粋。

〈新部さんに貸していたヘッセの水彩画集の中に、1927年7月14日にインスブルックのDorfgasse（ドルフ小路）で描いた水彩画があるのを、新部さんが見つけました。7月14日というのは、パルテベニヒカゲ（*Erebia pharte eupompa*）を採集した日付（7月10日～14日）の最終日です。採集地フランツ・ゼン・ヒュッテとインスブルックの距離は24㎞だそうです。ヘッセが、あの蝶を採集した後、麓《ふもと》の都市インスブルックへ行って、スケッチをしたということは大いに考えられそうです。このような貴重な標本が、日本から発見されたことに驚きと喜びを感じています〉。
※標本とラベル、岡田さんの解説文は大阪市立自然史博物館の「ヘッセ展」（前述）で公開された。

「人は最初の10年間に愛し、行ったことを、終生愛し、行うであろう」

「物心ついた頃、兄の留守中を見計らって、彼の部屋に忍び込んで、標本箱に整然と並ぶチョウやカミキリムシなどの美麗種、昆虫図鑑を飽かずに眺めたものです。それがやがて、自分でも実際に採集し、コレクションすることに発展したんですよ」。

洋画家岡田昌壽《まさひさ》（1928〜2004）氏の作品『秋の光徳沼』と『霧氷の八ヶ岳』が飾られた東京・西神田の朝日出版社の一室。この部屋を仕事場にしている岡田さんは、実兄の昌壽氏によって、昆虫の世界にいざなわれた記憶を口にした。

『白水隆アルバム　日本蝶会の回想録』（2007年）は、昌壽氏について、次のように記す。

〈洋画家。仏アカデミー賞等美術賞多数受賞。ル・サロン永久会員。油彩で繊細な日本画風の独特の風景画を描き、ヨーロッパでの評価が高かった。出世した教え子らが争って絵を買った。作品は栃木市の岩船画廊に常時展覧されている。詩人で文章力も高く、詩歌・文集13冊を出版。ドイツ文学の岡田朝雄の兄。蝶・蛾・雑昆虫など美しい標本のコレクター〉。

「実家は東京の赤羽にある普門院という寺です。戦争で疎開する小学校2年までの間、わたしはこの寺で過ごしたんですが、当時の境内にはそれはもう、いまの東京では考えられないくらい、たくさんの種類の昆虫がいました。トンボならオニヤンマ、ギンヤンマ、ウチワヤンマ、チョウトンボ、セミはニイニイゼミやヒグラシ、ツクツクボウシなんかはもちろん、主に西日本に生息するクマゼミが飛んできたこともあったし、エノキにはため息が出るほどきれいなヤマトタマムシがいて、コナラの樹液にはアオカナブンやコクワガタ、ヒオドシチョウが群がっていたし、兄が仕掛けた焼酎トラップに大きなヒラタクワガタがのっそり現れ、ハンミョウの幼虫をニラの葉で釣ったり、そうそうゴミ捨て場にはマイマイカブリも走り回っていた。本堂の東側のツツジ山には、ナミアゲハやクロアゲハやカラスアゲハなど各種のアゲハ類、ヤブカラシの花にはアオスジアゲハ、フジの花にはツマキチョウ、薄暗いササやぶにはゴイシシジミが発生といった具合です。まあ、きりがないのでこれくらいにしますが、ね」。そう一気に語った岡田さんは、ほっほっほと、さも愉快そうに笑った。「半世紀以上が経ったいまでも、境内で出会った虫たちの生き生きとした姿が、ほんとうに鮮やかに思い出されるんですよ」。

岡田さんは、いすの背もたれに体をあずけて話を続けた。「『人は最初の10年間に愛し、行ったことを、終生愛し、行うであろう』というのは、ハンス・カロッサの言葉ですが、この歳になっても、虫を愛し、昆虫採集を最高の趣味と考えているわたしはなかんずく、その典型でしょうか――」。

詩人の尾崎喜八氏と過ごした夏の日

岡田さんは毎夏、長野・富士見高原の山荘で仕事をするのが恒例だ。富士見高原は岡田さんにとって、思い出深い土地でもある。昆虫採集のクライマックスともいえる時期に、詩人尾崎喜八(1892～1974)氏との運命的な出合いがあった場所だからだ。

岡田さんは中学3年の夏休み、富士見高原で行われた交通博物館主催の林間学校に参加した。当時、戦時中に疎開した栃木県伊王野村（現那須町）に終戦後も引き続き住んでいた。知っている人が誰もいない団体旅行に、一人で参加するのは、この林間学校が初めての経験だった。国定教科書で初めて『少年の日の思い出』を読んだのもこの年で、昆虫少年として昆虫の世界に無我夢中になっていた。

富士見高原で、昆虫採集と植物採集の指導をしたのが、詩人でナチュラリストの尾崎氏だった。高原には、ヤマキチョウやミヤマシジミ、アサマシジミ、ホシチャバネセセリなど、いまの日本では全国的に姿が見られなくなってきたチョウが、豊産していた。なかでも夕刻、黄金色の空を背に、梢の周囲を乱舞するゼフィルスの群れに目を見張った。昆虫好きにとって桃源郷のような土地で、尾崎氏は昆虫や植物の名前、そのいわれ、生態や分布をよどみなく解説してくれるのだった。

〈ほう、よく捕ったね。これはミヤマカラスシジミだ――〉。

人一倍の引っ込み思案だった岡田少年がおずおずと尋ねると、尾崎氏は相好を崩しながら答えた。昆虫図鑑を熟読し、日本産チョウはすべて覚えていたはずだった。だが、初めて本物を手にしたミヤマカラスシジミだけは、分からなかった。尾崎氏は続けて、「幼虫はこのクロッバラの葉を食べるんだよ」と、まばらに生えた低木を指さして教えてくれた。岡田少年が、ミヤマカラスシジミを標本にするつもりであることを知ると、尾崎氏は三角紙でチョウを包む方法を手取り足取りで教えてくれ、帰宅後にチョウを上手に展翅《てんし》するためのコツまでも助言してくれたのだった。

「尾崎先生はこの採集行を『小さい旅人』という文章にまとめられ、翌年（1951年）、NHKのラジオで朗読されました。びっくりしたのは、ミヤマカラスシジミをめぐる尾崎先生とわたしと

尾崎喜八氏（中央奥）の向かって右隣が岡田少年（岡田朝雄さん提供）

のやりとり、先生が参加者に出した植物名の質問にわたしが『麻です』と正しく答えたこと、この2つの場面が詳しく述べられていたんです。子供ながらに、身に余る光栄と言うほかはない気持ちでしたね。この文章は、尾崎先生の著書『碧《あお》い遠方』に収められております」。

虫屋世界で貴重な存在

岡田さんが尾崎氏に直接会ったのは後にも先にも、この時がただ一度だった。しかし、今日でも、高原で過ごした少年の日の得難い体験として、尾崎氏は心の師であり続けている。岡田さんが、昆虫関係の著訳書を書いたり、フランス文学者の奥本大三郎さんらと日本昆虫協会を設立したり、昆虫少年、少女の育成活動にことさら熱心なのはまさに、この時の体験が原点にあるのだった。

こんな岡田さんの存在は、虫屋世界で貴重である。私は学生時代、岡田さんと奥本さんの共著『楽しい昆虫採集』を愛読した。外国文学者の虫屋コンビが、題名通りの内容を詳述した好著だが、岡田さんは採集法や標本作製術のほか、虫屋であることの至福を温かな文章でつづり、奥本さんは例によって博識にユーモアをまぶした名文のエッセーを載せている。虫屋は時に、私が字にできないような持論を展開する方がいるけれども――新聞記者でなく、一虫屋の立場で聞く分にはそれはそれで面白いのだが――岡田さんはその点、常識的な虫屋（もっとも、この言い方は世間一般からみれば奇妙でしょうが）で、こうしたインタビューも安心してできる。そういう意味で、岡田さんは貴重なお方なのだ。

岡田さんは本業で数多くの翻訳書を出しており、ヘッセ関連だけでも20冊近い。私がライフワークを尋ねると、実直な文学者の顔になって答えてくれた。「外国文学を訳す時、動植物の名前はどうでもよいものとして軽視される傾向があります。わたしが学生時代の有名な教授でも、植物の名前が出てきたら、適当にニワトコとか、あるいは頭に〝セイヨウ〟をつけて訳しておけばよい、という人もおりました。しかし、語学的な誤訳や訳文のまずさは、翻訳者の恥ですみますが、動植物の誤訳は、場合によっては原作者への冒涜となり、読者を欺くことになると思うんです。それで、翻訳に際しては、動植物の名前にはとくに細心の注意を払い、学名を調べて正確を期すように心がけていますが、こうした心構えは昆虫採集のおかげで身に着いたことでしてね。わたしはもう爺さんですから、それほど多くのことはできませんけれども、『独和大辞典』の昆虫関係項目の調査をコツコツと続けてゆく。本業に関して言えばこれこそ、自分が貢献できる余生の仕事と自負しているところなんです」。

◇

《追記》「ヘルマン・ヘッセとチョウ・ガ」は、2010年2~6月、ドイツ・カルフのヘッセ博物館で展示された。この模様はドイツの複数の新聞に写真入りで載った。11年は日独交流150周年の記念事業と認められ、ボーデン湖畔のガイエンホーフェンにあるヘッセ・ヘーリー博物館で2~6月開催され、好評を得た。2013年にはスイス・モンタニョーラのヘッセ博物館で4月1日から7月末まで開催が決まっている。

（2011年9月17日記）

7　昆虫はわたしの人生にとってほんとうに重要

中村哲

中村哲（なかむら・てつ）

1946年、福岡市生まれ。非政府間機関（NGO）「ペシャワール会」現地代表。PMS（ペシャワール会医療サービス）総院長。九州大学医学部卒。戦時中に芥川賞を受賞した火《ひ》野《の》葦《あし》平《へい》は叔父。84年、パキスタン北西辺境州の州都ペシャワールに赴任。貧困層や難民のハンセン病治療などに従事。2000年、未曽有の大干ばつに見舞われたアフガニスタンで水源確保のため、井戸掘りや灌漑《かんがい》用水路の復旧事業を開始。03年、アジアのノーベル賞と呼ばれる「マグサイサイ賞」（平和と国際理解部門）を受賞するなど、現地に根付いた活動は国際的に高い評価を得ている。著書『医者　井戸を掘る』『辺境で診る　辺境から見る』『アフガニスタンの診療所から』など。

「こんなきれいな虫がおるのか」小学3年の出合い

「虫の話を気兼ねなくできるのを、すごく愉しみにしてました」——。中村哲さんの手には昆虫図鑑があった。カラー図鑑の名著として名高い『原色日本蝶類図鑑』（横山光夫著・江崎《えさき》悌三《ていぞう》校閲）。「これは5刷りで1956年だから、自分がちょうど10歳の時ですかね。その後も、白水隆《しろうずたかし》さんが著した改訂版が出ていて、それも持っていますけれど、これが最初に買った図鑑になります」。

福岡市中央区のペシャワール会分室。雑居ビル5階の出版社、石風社にある一室で、中村さんは図鑑のページをめくりながら、とつとつと最も昔の昆虫の思い出から語った。

「虫に熱中するきっかけとなったのは、ハンミョウです。小学3年の時、吉川君という同級生の家で標本箱を見せてもらったんです。ご存じの通り、ハンミョウはキラキラと宝石のような姿で、びっくりするじゃないですか。外国産の虫かと思いきや、近くの山で捕れるというわけです。身近にこんなきれいな虫がおるのか、と。その時は、子供ながらに衝撃を受けたというか、とにかく驚いたわけです」。

昆虫採集の師匠は同級生のお父さん

同級生の吉川君の父親は郵便局長で、昆虫採集を趣味としていた。ハンミョウも、この父親の標本箱に並んでいたものだった。吉川父子に誘われて、数日後に訪れた犬鳴山（標高584メートル）で、中村さんは生きたハンミョウと初体面する。

「バッタのように足元から飛び立ち、数メートル先に着地することを繰り返す、黒い虫。あれがハンミョウだと言われても、飛んでいる時は、黒い虫のようにしか見えないから、にわかには信じられない。けれど、吉川君のお父さんが捕まえたそれを間近で見れば、まごう事なき、標本箱に並んでいたあのきれいな、金属光沢のハンミョウでした」。

ハンミョウの飛翔に関する中村さんの感慨は、虫屋であれば大きくうなずくだろう。実際、ハンミョウが飛んでいる姿は、甲虫類のそれとは思われない。例えば、甲虫類でもカブトムシやクワガタムシであれば大なり小なり、鈍重な印象は免れないものだ。彼らは固い外翅《そとばね》をパカッと開き、半透明の内翅を羽ばたかせて、ブーンと飛び上がる。ところが、ハンミョウの飛び方と言えば、そうした甲虫類の飛翔のイメージを根底から覆す、軽快さ、敏しょうさがある。中村さんは〝バッタのよう〟と表現するが、アブやハエなど双翅《そうし》目の昆虫の飛び方に近い、と感じる人もいるだろう。私はどちらかと言えばそうだ。ハンミョウは地表すれすれを、スーイ、スーイ、ヒューンと滑るように飛ぶのである。

「指先でつまんだら、ひどくかまれて、血がにじみました。イタタッと、放してね、逃げられてしまったのだけど、指先のにおいをかぐと、新品の鉛筆を削った時のような、なんとも良い香りがする。他の虫にもよくあることですが、ハンミョウも捕まると特有の芳香を放つんですね。きれいなだけでなく、においまで良かった」。中村さんはほほ笑みながら、半世紀前の出来事を昨日のことの

捕虫網を前に置き、弁当をほお張る中村少年（右、小学4年の頃、福岡・犬鳴山で）（中村哲さん提供）

ように語った。「人が歩く前方を飛び、山道を案内しているかのようだから、ミチオシエの別名を持つ。そんなことも、吉川君のお父さんから教えてもらいました。普段はありふれたバッタだと思っていたのが、実はハンミョウだったということを知り、新しい世界がぱーっと開けた。そのほかにも、多くの虫がいろんな生活をしているのだということが分かってきて、面白くてね。そうして、ずるずると昆虫の世界に引き込まれ、いまもその魅力から離れられないわけです」。

あこがれのチョウに手が震え

犬鳴山。クヌギやエノキなどの広葉樹が茂り、昆虫の宝庫だった。昆虫採集に目覚めた中村少年は、毎日曜日ごとに通った。両親は旅館業で忙しかったため、朝5時に起きて、自分で握り飯の弁当を作り、水筒にお茶を入れて持って行くのが定番になっていた。

「イシガケチョウをこの山で、捕ったんです。当時は福岡県北部が北限だったと思うのですが、甲虫類だけでなく、チョウにも熱中するきっかけになりましたね」。

イシガケチョウは南方系のチョウで、翅《はね》の模様が石垣に似ていることが和名の由来だ。いまでこそ、関西地方にまで分布を広げているが、当時の福岡ではきわめて珍しいチョウだった。

「一見すると、モンシロチョウかスジグロチョウかなと思ったのですが、飛び方が違う。コミスジとかオオミスジみたいに滑空する、タテハチョウ科の飛び方なんですね。これはもしかして！　そう思って、網を振ったら、予想通りにイシガケチョウでした」。そう語る中村さんの表情は、いま、そのチョウを初めて手に入れた瞬間であるかのように、心底うれしそうだ。「そのチョウは少し翅が破れ、すれていたのですが、それでも初めて捕ったイシガケチョウ。うれしゅうて、うれしゅうて。網から取り出しても、手が震えて、なかなか三角紙に移し替えられんのですよ」。

ふいに中村さんは遠くを見るような目になり、1分近くの間、沈黙した。「それとね、唐突に聞こえるかも知れないけど、好きだったのはキマワリ…」。

キマワリは甲虫類のごく普通種。立ち枯れした木の幹などにおり、人が近づくと、幹をくるりと回って、反対側に姿を隠す。そのために、キマワリという和名になったとされる。私は数多くの虫屋の知人や友人がいるが、極めて普通種のキマワリが好きという人は中村さんが初めてだ。

中村さんは薄い茶色の瞳で、私を真正面から見つめて、ゆっくりと続けた。「キマワリが木を回る姿がひょうきんな感じで、好きだったんです。なんだか、キマリ悪そう、に見えてね…」。

（もしかして、中村さんのダジャレ、か？　しかもとっておきの……）。

牛のフンをひっくり返して虫探し

たいていの昆虫少年がそうであるように、中村さんも『ファーブル昆虫記』を愛読し、その世界に引き込まれた。

「『昆虫記』に登場するスカラベ（フンコロガシ）にあこがれてね。あちこちの牛のフンをひっくり返して回りました。センチコガネとかダイコクコガネとか、牛のフンに集まる虫を捕まえて自宅に持ち帰り、牛のフンと一緒に箱に入れて、団子を作らないものかなぁと、じーっと観察してね。当時、九州の田舎では、牛のフンを見つけるのはたやすいことで、環境には恵まれていたわけです」。

動物のフンに集まるスカラベは、アフリカや中東など世界各地に多くの種が生息する。ただ、フンコロガシやタマオシコガネと呼ばれる仲間のように、フンを球状にして転がし、巣に運ぶ習性を持つ種は日本にはいない。中村少年も当然、その姿を見る機会はなかった。

「ところが、アフガニスタンで仕事をするようになって、スカラベに遭遇するようになりまして。もう、うれしゅうて、うれしゅうて。ただ、話す相手がいないんですよ。スタッフに話しても、だれも、面白がってくれんのですよ。はじめのうちは、一生懸命にこれがスカラベなんだ、こうしてフンの団子を運んでいるんだよと、いろいろと説明してはいたんだけど、みんなは興味ないのに辛抱強く聞いていることがだんだんと分かってね。わたしが年長者で、上司でもあるという権威でもって聞いてくれていたわけです。みんなが気の毒なのでやめました」。

自作の捕虫網を補修して四半世紀も使う

中村さんが〝虫とり少年〟だった1950年代、日本の一般家庭は軒並み貧しかった。中村さんも捕虫網は自作で、材料は竹と針金、レースのカーテン。実姉に頼んで、輪にした針金に、カーテンの布を長い袋状に縫いつけてもらった。こうして手にした捕虫網は後年、山岳会「福岡登高会」のティリチ・ミール遠征隊員として参加した際、海を渡った。小学6年生の頃から、網を張り替え、竿を補強するなどの修復を繰り返しながら、四半世紀も使うことになる。

「昆虫図鑑ははじめ、図書館から借りていました。ところが、あまりにも年中、借り出すものだから、苦情が出始めまして。それで、『原色日本蝶類図鑑』だけはどうしても所有物にしたい、と思いましてね。当時の値段で850円でした」。

中村少年はその頃、両親の仕事を1日手伝うと10円を得ていたが、「駄賃はいらないから12月になったら図鑑を買ってほしい」と、父親に交渉した。旅館が年末には金回りが良くなるのを子供ながらに分かっており、小学5年の年の暮れ、首尾良く念願の図鑑を手に入れることができた。「この翌年、保育社の同じシリーズの甲虫図鑑も買ってもらいましたが、こちらは1100円。甲虫は種類が多いから、チョウの図鑑よりも少し高いんでしょうけど、当時の親からすれば、どちらも相当に高価だったことは間違いない」。

高校生になると、行動範囲が広がり、県外に遠征して採集をするようになった。ゼフィルスと愛称される樹上性のミドリシジミ族のうち、深山に生息するキリシマミドリシジミを追って、阿蘇山や九重連山に足しげく通った。標本もどんどん増え始め、15~16箱に達した。当初はデパートで売っていた紙製の標本箱を使っていたが、木製箱がほしくなり、近所の指し物大工に頼んで、作ってもらったこともあった。「防虫効果があると言われていた桐は高くて、材料に使うのは無理でね。桐箱じゃなかったせいか、外見はともかく、標本の保管にはいまひとつでしたけれど」(中村さん)。

「親をだませない」——昆虫学者への道を断念

中村さんの母校の九州大学は昆虫学の名門である。該博な知識をもとに図鑑のみならず著作集や随筆集も刊行した天才肌の江崎悌三《えさきていぞう》（1899～1957）氏、その弟子でアマチュアとプロの橋渡し役だった白水隆《しろうずたかし》（1917～2004）氏ら、名だたる昆虫学者を輩出している。

「九大農学部に入って、昆虫学者になるのが夢でしたね」。福岡県で生まれ育ち、昆虫に夢中だった中村少年が、そうした未来図を描くのは当然だった。「だけども、親に許してもらえない。父親は勉強のことを、勉強と呼ばずに、学問と言っていた。世の中に役立つ学問ならいいが、虫を扱うことを一生の仕事にするなんて、あり得ない、とんでもない、勘当するぞ、という雰囲気だった」。当時は医療過疎や無医地区が社会問題化しており、両親は世の中に役に立てる医師は実に結構なことと、もろ手を挙げて賛成した。だが、中村少年の胸中は複雑だった。昆虫学者への道をあきらめず、親の期待とはまったく別のことをもくろんでいたからだ。

「医学部にまずは入学して、農学部に移るつもりでいました。医学部から農学部に転部するのは比較的に楽だったですから」と中村さん。「ところが、両親が借金までして、学資を工面してくれることになった。医学書は高いんですね。それで、昆虫学者になるという本心を隠して通学するのは、親をだましているような気がして、やむなく医師を目指すことになったんです。それでも、専門は最初から精神科と決めていました。これは（精神科医だった作家の）〝どくとるマンボウ〟北杜夫さんの影響も大きくて、虫捕りができる時間が取れるのは精神科であろうと、勝手に思いこんだ」。

九大に進学後、表向きは虫の世界から遠ざかったが、虫への愛着はそれまでと変わることはなかった。在学中、昆虫学者の白水隆さんと会った。教養課程で生物の講義だった。「あれが、江崎悌三先生の門下生である白水さんかって、感動しましたね。白水さんの図鑑がたくさん出始めた頃でしたから、よけいに。周りの友人らは、自分がそんな風に、教壇の先生を尊敬の念を込めて見ていたとは、まったく想像もできなかったでしょうけど」。

モンシロチョウの起源を探しに

10代、20代に抱いた疑問や未解決の問題に、大人になってから再挑戦する。そうした元昆虫少年は少なくない。例えば、解剖学者の養老孟司さんが「ヒゲボソゾウムシの分類」、オオゴマシジミの幼虫がアリの一種のシワクシケアリによって育てられることを、中学時代に解明したチョウ屋で元熊本大学医学部教授の平賀壮太さんが「アゲハチョウのサナギの保護色はどうやって決まるのか」に、それぞれ半世紀ぶりに取りかかっていることは虫屋の間で有名だ。

ヒマラヤ・カラコルム山脈に連続する大山塊を目指す登山隊に参加しないか――。中村哲さんは三十数年前、そんな誘いを受けた。1978年6月から8月にかけて、山岳会の福岡登高会ティリチ・ミール遠征隊に、医師として加わった。ティリチ・ミール（標高7708メートル）はヒンズークッシュ山脈の最高峰で、パキスタン北西部とアフガニスタンを隔てる山だ。中村さんは当時32歳。

参加した最大の動機は、モンシロチョウの原産地をこの目で見てみたい、との少年時代からの夢だった。

「この『原色日本蝶類図鑑』にも書いてありますが、ジュウジバナ科の植物、ダイコンだとかナタネだとかそういうのと一緒に、日本に来たと言われています。その起源がパミール高原らしい。ヒンズークッシュ山脈の北麓です」。中村さんは図鑑のページをめくりながら熱心な口調で言った。「モンシロチョウというのはご存じの通り、ある標高から上はいないじゃないですか。途中からスジクロチョウに変わる。低い山でもある程度上に行くと、スジクロチョウが増えて、まるでテリトリーがあるように見える。モンシロチョウが自分の住み場所から上に行こうとすると、スジクロチョウが来て、追い出す。そうした追飛行動というのを子供の頃、何度か目撃したことがあるんです」。

モンシロチョウとスジグロチョウ（スジグロシロチョウとも言う）は姿がとても似ているが、一般的に、モンシロチョウは平地に、スジグロチョウはやや山地に生息するとされている。

「日本でモンシロチョウが高いところに生息しないのは、スジクロチョウなどにテリトリーを奪われ、低地だけに住むようになったのか。あるいは単に高地では食草（幼虫が食べる特定の植物）が生えていないだけのことなのか。そういうのが何でもないようなことですけど、ずーっと気になっていた」と中村さん。「ベースキャンプは4500メートル前後でしたが、モンシロチョウがちゃんといました。酸素が薄いので、小ぶりでしたけど。そして、野生のナタネが生えていました。日本の高地でも、食草さえあればモンシロチョウは生息できるに違いありません。30歳を過ぎてから、子供の頃に抱いていた疑問がようやく解けたのです」。

氷河期の生き残りのアポロチョウを採集

ヒンズークッシュ山脈の大部分は、アフガニスタンに含まれる。この地で約2か月間を過ごした日々は、虫屋としての中村さんの胸に、生涯忘れがたい記憶の数々を刻んだ。氷河の上で、アポロチョウ（パルナシウス属）を採集したことも、その一つだ。

「氷河期時代の生き残りのチョウということで、子供の頃からあこがれていましたから、うれしゅうて、うれしゅうて。透き通るような翅《はね》で優雅に飛んでいるのを目撃して、『これだーっ』と追いかけ、網を振ったんですけど、逃しまして。ところがうまいことに、十数メートル先にいた隊員の目の前に止まったんです。日本のウスバシロチョウ（パルナシウス属）もそうですが、パルナシウスの仲間はふんわり、ふんわりとした飛び方で、緩慢なところがあるでしょう。それで、隊員はすかさず素手で捕まえたんです。わたしは、隊員が手を動かすとチョウの翅が傷んじゃうから、『動くな！　動くな！』と叫びましてね。ようやく手に入れたその個体は、テントに来る人来る人に自慢して見せたんですが、ドクターが大喜びしている意味が分からないというふうでね。誰一人として感激してくれる人はいなかったですけど」。中村さんはいまもって納得いかない様子だ。

氷河の上で〈これだーっ〉と叫んで虫屋人生の総決算とばかり、捕虫網を振り下ろすが、アポロチョウに逃げられた中村医師。〈動くな！　動くな！〉と血相を変え、捕った隊員に走り寄っていく中村医師。わけが分からず、チョウを両手で包んだまま、身動き一つ取れない隊員。――ヒンズークッシュ山脈の氷河で繰り広げられたという、そんな場面が想像され、私は吹き出してしまった。

激動の後半生がスタート

福岡登高会ティリチ・ミール遠征隊は、世界で2番目にK2登頂を果たした新貝勲氏（故人）が隊長だった。当初、遠征隊には別の医師が同行する予定だったが、都合で行けなくなった。「九大出身の同級生の医者が、新貝さんから、だれか代役がいないかと相談を受けたんですね。この同級生が『ちょうど適任者がおるぞ』と勝手に返事して、わたしにお鉢が回ってきたんです」。中村さんは肩を揺らして笑った。

ときを同じくして、中村さんは大先輩の医師から、勧誘を受けていた。開業して日の浅い福岡県広川町の脳神経外科病院に来てほしい、という内容だった。結局、当時勤務していた大牟田市の労災病院を辞め、次の病院に移るまでに空いた2、3か月間を利用し、ティリチ・ミール遠征隊に参加することになった。

「子供の頃に抱いたチョウの謎を解きたいという思いを起点に、いろいろな偶然や幸運が重なり、ティリチ・ミール遠征隊に参加し、パキスタンやアフガニスタンとの縁が生まれた。遠征から、わずか5、6年の後に、わたしはペシャワールに赴任するのですけれど、その運命の糸を結んだのは紛れもなく、いまも大好きな昆虫だったわけです」——。中村さんの激動の後半生がいよいよ始まった。

生死の境でもチョウに心惹《ひ》かれ

〈これは死ぬな――〉。1992年10月のある日。中村さんは、険しく、曲がりくねった山道を進んでいた。

アフガニスタンで最も奥地の山岳部で暮らす種族、ヌーリスタンのワマ村に診療所を開くためだ。当時、外国人が訪れたことがないと伝えられる村で、1年後に診療所の開設を目指す、偵察診療だった。その途上、足元のがれきが崩れ、中村さんは滑落した。岩のすきまに生えた灌木《かんぼく》に体が引っかかり、九死に一生を得た。同行のアフガニスタン人のスタッフがあわてて駆けつけ、ロープを下ろし、引き上げてくれた。

「その時なんですが、羽化したばかりのアゲハチョウの一種が止まっていたんです。前翅《ぜんし》が鮮やかな空色で黒い縁取りがある、ほんとうにきれいなやつで」と中村さん。「上に向かって、『おーい、紙を落とせ』と言って、岩だなに腰掛けて、三角紙を作りましてね。あとからじっくり観察しようとチョウを優しく包んでポケットに入れ、がけ上に戻ったら、スタッフたちは『ドクター、どうした?』って、けげんそうな顔をしていたけど、『ちょっと、途中で愉しいことがあった』と答えましてね。現地で標本にするのは無理だから、チョウは逃がしましたけれど。図鑑が手元になくて、同定できなかったもんだから、いまも何という種類のチョウだったのか気になってしょうがない」。

どんな辺境の地や山奥でも赴く、勇敢な人。大方の人が中村さんに抱くイメージだろう。それは間違いではないが、死が間際に迫った直後でさえ、視界の隅に入った美麗なチョウに心惹《ひ》かれてしまう。そういう中村さんの人生におけるプライオリティは、世間では想像を絶するものに違いない。

人は見ようとするものしか見えない

『ペシャワール会報』100号(2009年7月15日)。中村さんは1984年5月26日、ペシャワール・ミッション病院のハンセン病棟に正式に赴任した当時を振り返り、こう書く。〈あのとき、二十五年後に自分がアフガニスタンにいて、用水路を掘っているなどということは夢にも考えていなかった。かつてアフガニスタンを闊歩《かっぽ》したソ連軍の姿も今はなく、代わりに米軍が支配者として力をふるっている。様々な出会いと別れがあり、様々な死と生き様があった。敵も増えたが味方も増えた。責任も年の数だけ重くなってきた。波瀾万丈も、ここまでくると日常になってしまった〉。

ペシャワール会は1983年9月、中村さんの活動を支援するために福岡市で結成され、現在の会員は約1万2500人。専従1人、二十数人のボランティアで事務処理を行っており、年間2万人ほどの募金者から数億円が寄せられている。中村さんや現地で活動するスタッフを文字通り、物心両面で支える支援者は、仏教徒もいればキリスト教徒もおり、保守、革新、ノンポリもむろんあり、年齢層も若者から年寄りまで満遍なく、実にさまざまだ。

不十分な医療設備しかない中、ハンセン病の患者をはじめ、貧困層の治療に当たる。現地の医療関係者も躊躇《ちゅうちょ》する山岳部の奥地を訪れ、診療所を開設する。井戸掘りや灌漑用水路など水源確保の

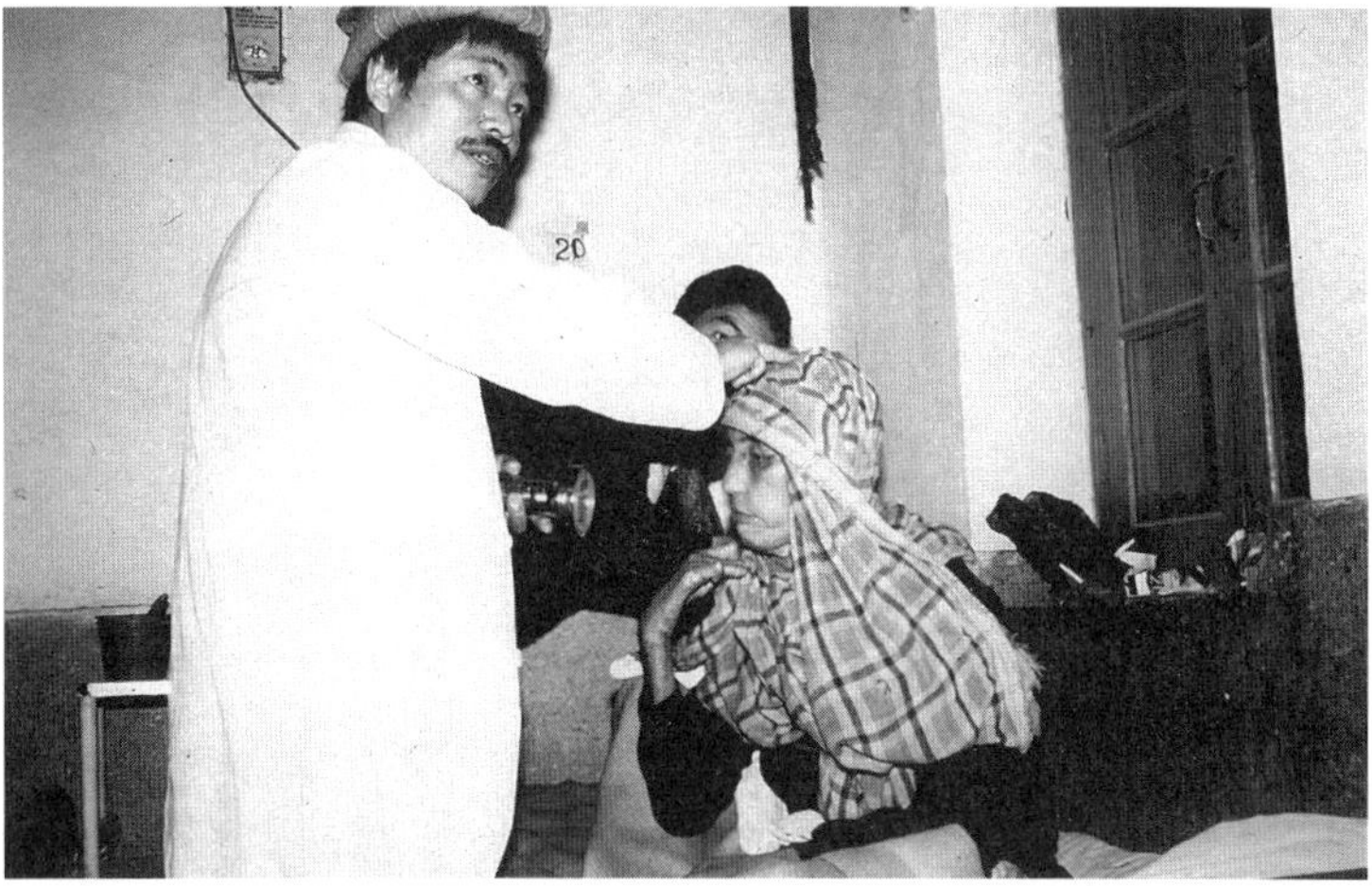
赴任直後、パキスタン・ペシャワールの病院でハンセン病患者などを回診中の中村哲さん（1984年11月撮影。ペシャワール会提供）

事業を展開し、一人でも多くの人々の命を救う。空爆下で配給を行い、一つの班が全滅しても配給を継続するため、複数に分宿する。――これが中村さんの四半世紀に及ぶ波瀾万丈な日常だ。

中村さんが活動を始めた頃、私は小学校の高学年だった。任天堂「ファミリーコンピュータ」の発売、オリンピック・ロサンゼルス大会の開催などがあり、日本はバブル景気の時代に向かいつつあった時期だ。とても遠い昔のような気持ちがするが、この頃から中村さんとペシャワール会が、地道な活動を続けてきたことを考えれば、ただ驚くしかない。

「タリバン政権の崩壊後、アフガン復興が大々的に報道されました。そして今、再び、米軍増派が注目されています。アフガン復興は茨の道であることは変わりありません。しかし、現地の人々にとって、２０００年以降に顕在化した未曽有の大干ばつこそ、最大の危機と言っても過言ではないのです。しかし、この事実はいまだ、ほとんど知られていません。『人は見ようとするものしか見えない』――それがわたしの実感です」。中村さんは言葉に力を込める。

〈人は見ようとするものしか見えない〉。このことは中村さんが小学3年の時、バッタにしか見えなかった小さな黒い虫が、実は宝石のように美しいハンミョウであることを知った経験などを通じ、得心した。昆虫採集が、いまの中村さんの信条の基礎をつくった。そのことをパキスタンやアフガニスタンの厳しい環境下で、医療や水源確保の活動を続ける中、中村さんは再認識したのだ。

ヒューマニズムはヒトという種族の内輪の言葉

〈幸か不幸か、同じく変わらないのがわれわれの現地活動である。医療活動から用水路建設まで、ずいぶん変わったではないかと言われればその通りだ。しかし、精神は器ではない。人間にとって何が必要かを追い求めてきた点は、少しも変わらない。困窮にある人々と泣き笑いを共にし続けてきたという事が大切なのである。おかげで、自分たちもずいぶん楽天的になった。人のことばは運命的に虚構を抱えている。美しい理念、何らかの使命感や信念などという代物に縛られるのは不自由だ。アフガン農村の人々と苦楽を共にし、人為に信を置かなくなった分だけ、恵まれた二十五年間だったと思っている〉（『ペシャワール会報』１００号から、中村さんの文章を抜粋）。

「どちらかというと、世の中の大勢や時流を冷めてみてしまう性格でして」。中村さんは苦笑しながら、自らを評する。「自分の主張がいろんなふうにとられますけれども、自分の言ったこともですね、一種の人間が言った言葉だといって、相対化することできるようになるんですね。ちっとも、自己主張しようとは思わない。たとえ、人から矛盾を突かれたからといって、それに反論するとかはほとんどしない。そういう風なとられかたをしたのは、こっちの言い方が悪かったんだろう、としか思わないですね」。

中村さんは、深刻になりがちな話でも、深刻にならないように努めている。それが意識的か無意識的かは分からないが、私は話を聴きながら、そのことが強く印象に残った。中村さんの講演を聴いた人の話では、ひょうひょうとした話しぶりだが、本質を鋭く突く言葉がさりげなく交じって、ハッとさせられるため、聴いていて飽きないのだという。

「大げさに言うと、大きな自然の中で見たら、人間はどうなのかなという見方ですね。昆虫の世界を見ていると、いわゆる、淘汰という現象をみるわけですね。縄張りがあり、群れで生きられるとしても、生活していく本人はけっこう大変だろうと思うんですよ。自然というのは、そういうふうにダイナミックな関わりで生物を動かすもんだろうと。その中で、そういった自然を無視して、人間だけが思想だのなんとかだけでね、生きていくことは無理があるんじゃないでしょうか。ヒューマニズムだの、なんだのと言ったって、ヒューマニズムそのものが自分たちの、ヒトという種族の内輪で考えられた言葉じゃないですか」。

中村さんは最後まで、とつとつとした口調で、ときに、独白のように語った。

「昆虫はわたしの人生にとってほんとうに重要なんですよ。こういう見方で聴いてくれたのは、あなたが初めてなんです。昆虫のあの魅力を知らない人にとってはね、これほどの執着は理解できないでしょうけど。ふつうはやっぱり、人間が中心の話になってしまう。こっちとしては、わたしの人生における虫と自然の役割の重要性を話したいのだけれども、どうしても昆虫に興味のない人というのは、それほどの執着心というのは理解できないですから」。一時帰国していた中村さんは、このインタビューの6日後、アフガニスタンに向けて出発した。

8　大図鑑が完成するまで死ねない

藤岡知夫

藤岡知夫（ふじおか・ともお）

1935年、東京生まれ。財団法人応用光学研究所理事長。慶応義塾大学工学部卒。同大学大学院修了、工学博士。祖父は国文学者の藤岡作太郎、父は物理学者の由夫。慶応義塾大学理工学部教授を49歳で退職後、産業創造研究所にレーザー研究センターを設立、所長に就任。その後、東海大学開発技術研究所教授を経て同大理学部物理学科教授に就任。著書『レーザーがひらく21世紀』『オプティカルパワー』『光・量子エレクトロニクス』『日本産蝶類大図鑑』『日本産蝶類及び世界近縁種大図鑑1』（共著・築山洋、千葉秀幸）『蝶の紋』『鳳蝶』（共著・小檜山賢二）など多数。

執筆した図鑑はチョウ研究の金字塔

「日本のチョウの標本数で、個人ではおそらく世界一の数を持っているでしょう。ドイツ箱は1800箱ほどあるから、22万頭くらいかな」。藤岡知夫さんはさらりと言った。

東京・文京区の自宅2階に並んだ標本棚には、ドイツ型標本箱（縦41センチ、横50センチ）が寸分のすきまもないかのように、びっしりと詰め込まれている。箱の中をのぞくと、チョウは隣の個体と翅《はね》を重ねて並べられたものが多い。限られたスペースにできるだけ多くの標本を収めるためだ。「チョウの地理変異が研究テーマなので、これだけの標本が必要になるのです」（藤岡さん）。

チョウの研究で、日本は英米とともに、世界で最も進んでいる国と言われている。それら日本のチョウ研究を先導してきたのは、別に本職を持ちながら、趣味で始めたチョウの研究をライフワークとする人たちが中心だ。戦後、若い世代として頭角を現した代表的な人物は、信越半導体社長や大成建設取締役を務めた五十嵐邁（1924～2008）氏であり、もう一人はレーザー物理学が専門で慶応義塾大学理工学部教授などを務めた、藤岡さんだ。

五十嵐さんは『世界のアゲハチョウ』（1979年）『アジア産蝶類生活史図鑑1、2』（1997、2000年）、藤岡さんは『日本産蝶類大図鑑』（1975年）『日本産蝶類及び世界近縁種大図鑑1』（1997年）が代表的な著作だ。いずれも欧米の昆虫学者から高い評価を受け、世界的にもチョウ研究の金字塔と位置づけられている。

新婚旅行に合流してきたチョウ界の大家

「一番に古い標本は中学1年生の時に採集したものです。私が手がけた図鑑はそういう時代の標本も活用しているから、ちょっとばかり、日本のチョウ研究に貢献できた人生では、と自負しております」と藤岡さん。「エッセーを書くことはできますが、図鑑を作るのは、誰でもできることではないのです」。

例えば、『日本産蝶類大図鑑』は約30年間の採集品や資料などを基にしたものだ。日本で記録された273種が解説され、図示されたチョウの数は7056個体、200人以上の協力者の名前が載っている（初版時）。図鑑の重さは6・8キロに達する。

「五十嵐さんは私よりも10歳年長ですが、似たところが多い。とにかくチョウが好きであることはむろんですが、多方面に知識欲が大きいこと。そして何より、徹底性、執拗性が顕著なところです」。

藤岡さんは1961年4月、新婚旅行で鹿児島・奄美大島を訪れたが、独身だった五十嵐さんが合流し、一緒にチョウの採集を愉しむほど、かつての二人はウマがあった。かつて、と留保が付くのはその後、両巨頭の蜜月は終わるからだ。藤岡さんの新婚旅行時の写真を見せてもらうと、若かりし頃の藤岡さんと五十嵐さんがくつろぐ姿があった。それにしても、新婚旅行に夫の知人が合流するとは、藤岡さんの奥さんはどんな心境だったろうか。

「五十嵐さんは、意外と遠慮しない方なのですね」。私がつい聞くと、「彼は、『おれも行こうかな』って、頼みもしないのに押しかけてきた」と藤岡さんは体を揺すらせて笑った。

若き日のヒマラヤ探検で開眼

日本蝶類学会が1992年、発足した。チョウやガの研究者や愛好家らが集う日本鱗翅《りんし》学会の会員のうち、特にチョウに関心を持っている会員が参加した。だが、10年ほどの活動の間、会長の五十嵐さんと副会長の藤岡さんとの間で次期会長選をめぐって対立が生まれ、分裂してしまう。その後遺症はいまだ続いていて、日本蝶類学会は「テングアゲハ」「フジミドリシジミ」という、チョウの名前をそれぞれ付記した2団体が存在している状況だ。前者は五十嵐さん、後者は藤岡さんと、縁が深いチョウの和名で、表記で区別する場合は、日本蝶類学会（テングアゲハ）、日本蝶類学会（フジミドリシジミ）となる。

「五十嵐さんと初めてけんかしたのは、いま思えば、ヒマラヤ探検の時だったなぁ」。藤岡さんがそう振り返ったのは、東京オリンピックの前年、1963年に組織された日本鱗翅学会・ヒマラヤ蝶《ちょう》蛾《が》調査隊のことだ。

ヒマラヤ蝶蛾調査隊は、慶応大学理工学部助手だった藤岡さんと、五十嵐さん（当時・大成建設勤務）、後年ルソンカラスアゲハを世界初採集する原田基弘さん（当時・多摩美大生）ら計6人が参加した。総費用は約500万円で、200万円を6人で分担し、残りの300万円は藤岡さんの父親で高名な物理学者だった由夫さんが企業を回り、義援金を集めた。朝日新聞社からの後援も得た。

「もともとは、五十嵐さんのライフワークであるアゲハチョウ調査の一環として、かの地に生息するテングアゲハの幼虫を調べたいというのが、ヒマラヤ探検の発端だったのです。だけれど、テングアゲハだけでは、国や後援者らに対して説得力がないから、日本の昆虫の祖先を調査する、という名目にしました。これが結果的に、日本産と近縁種のチョウを研究する、という私のライフワークにもつながったのです」と藤岡さん。「夜な夜な、私の家に集まりまして、資金調達からルート、採集予定の種まで、ヒマラヤ調査の計画を入念に練ったことでした」。

1963年6月から8月の3か月間、ヒマラヤ蝶蛾調査隊は約1000種・約4万頭の昆虫を採集し、チョウは3新種、ガは二十数新種を発見した。ヒマラヤだけに分布し、2億年前からその姿が変わらないヒマラヤムカシトンボを世界で初めて採集する、大成果も挙げた。

もっとも、6人の隊員たちはヒマラヤ探検の間、「『態度が偉そうなのが頭に来る』とか、『飯の食い方が気に入らない』とか、ささいなことでけんかばかりしてた」(藤岡さん)。藤岡さんと五十嵐さんも初めて大げんかする。とはいえ、帰国後、藤岡さんが中心となり、『蝶のふるさとヒマラヤ青いけしの国』、英文の論文集『Fauna of Nepal Himalaya(ネパールヒマラヤの昆虫)』を上梓。ヒマラヤの調査は、日本の昆虫研究者を刺激し、海外の昆虫との関係性に目を向ける潮流を生んだ。

ワーグナーを聴いて己を奮い立たせ

藤岡さんは音楽に造詣が深い。高校から大学にかけてチェロやピアノを習い、友人とオーケストラを作って演奏会を開くほどだった。前妻の純子さん（故人）もピアノを弾き、合奏を通じて知り合って結婚した。長男の幸夫さんは欧州を中心に活動し、関西フィルハーモニー管弦楽団の首席指揮者でもあるから、文字通りの音楽一家でもある。

「好きですな、チョウ、音楽——。美しいと思うものを追求したい。人生を楽しみたいと言う気持ちが強いのです」。相好を崩してそう語る藤岡さんにとって、チョウと音楽は人生の生きがいの両輪だ。

米国出張中、メトロポリタンで1週間ぶっ続けでオペラを鑑賞したこともある。40歳を過ぎてからは、19世紀ドイツで『トリスタンとイゾルデ』に代表される楽劇を創始したリヒャルド・ワーグナーを好むようになった。「ドイツ人は若い頃にワーグナーを聴いて体を燃えたぎらせるらしいですが、私は肉体の衰えを意識するようになってから、ワーグナーを聴くようになりました。己を鼓舞し、奮い立たせるために最適で、それはいまも続いております」。

〝世界一の太鼓叩き〟と虫を通じて交流

藤岡さんは昨年（2009年）9月、前年に続いて、ライナー・ゼーガースさんとともに、チョウやガの採集を楽しんだ。ゼーガースさんはベルリン・フィルハーモニーの首席ティンパニー奏者で、ハンス・アイスラー・ベルリン音楽大学とチューリッヒ音楽大学の教授も兼ねる「世界一の太鼓叩き」（藤岡さん）。そして虫屋であり、演奏旅行の行く先々で採集を愉しんでいる。特に好きなのは、ガの仲間のカトカラ（*Catocala*）だ。カトカラは翅《はね》の文様が複雑多様で、色彩も鮮やかな種が多く、ヘルマン・ヘッセ『少年の日の思い出』にも登場する。和名ではベニシタバやムラサキシタバ、ワモンキシタバなど、「〜シタバ」と名付けられたガのグループを指す。

「ゼーガースさんは、日本のガ屋の親分で日本蛾類学会会長の岸田泰則さんから、チョウ屋である私を紹介されたというわけです。ヨーロッパではチョウとガを区別しませんから、ドイツ人のゼーガースさんはチョウも好きなのです」と、藤岡さんは愉快そうに話す。

2008年公開の『ベルリン・フィル　最高のハーモニーを求めて』（独）。楽団員がベルリン・フィルハーモニーで演奏するまでの意外ないきさつや、音楽への情熱などを語った映画だ。この中で、ゼーガースさんは鱗翅目《りんし》へのあふれんばかりの愛を吐露し、個性派ぞろいの楽団員の中でも存在感を際立たせ、映画全体で重要なアクセントの役割を果たしている。

“世界一の太鼓叩き”ライナー・ゼーガースさん（中央奥、©大窪道治、サイトウ・キネン・フェスティバル・松本実行委員会提供）

そんなゼーガースさんは、世界的な指揮者の小沢征爾さんが総監督を務める、長野県松本市のサイトウ・キネン・フェスティバルに2004年から毎年、出演している。「北アルプスの懐にある小都市で夏に開かれる音楽祭に行けば、好きなチョウやガを採集することは可能であろう、と。それもひとつの大きな動機となって快く引き受けたとか。虫屋ならではの発想ですな。」（藤岡さん）。

事実、松本市は、作家の北杜夫さんが昆虫採集を目的に旧制松本高校に進学した逸話があるほど、往年の虫屋にとってはあこがれの地であるから、ドイツ人のガ屋であるゼーガースさんにとっても、同様に居心地のいい場所なのかもしれない。

虫を〝つまみ〟に音楽の話題に花咲かせ

藤岡さんとゼーガースさんの採集行には、信州大学教授でチョウ屋の伊藤建夫さん、都内で最大規模の昆虫愛好家団体「グループ多摩虫」副会長の麻生紀章さんらが、2年連続で加わった。「私らはチョウを捕るだけですが、ゼーガースさんはチョウとガの両方を追っかけるわけだから、大忙しでね。我々が休憩している間も捕虫網を手に走り回って、夜は公衆便所の灯りに集まったガを、満面の笑みを浮かべて採集していましたな。宿に戻ると、我々が酒を飲んでいる横で、彼（ゼーガースさん）は採集したガやチョウの整理を一生懸命にしている。そうしながら、虫を〝つまみ〟に音楽の話に花が咲くわけです。彼は周りの人間を楽しませる話し方ができる男で、会話をしていると実に愉快です。特に、ベルリン・フィルで指揮をとった、カラヤンを初めとする著名な指揮者の逸話にいたっては、1冊の本にまとめられるほど面白い」（藤岡さん）。

藤岡さんとゼーガースさんらの松本市やその周辺での昆虫採集は、恒例行事になりつつある。ゼーガースさんはいつか、日本産のカトカラの珍種であるカバフキシタバを手に入れることが夢だという。今年（2010年）は二人で、沖縄・八重山諸島を旅行する計画も立てている。

さて、ゼーガースさんは、友人で打楽器奏者の瓜生郷子さんを通じて、この連載に愉快なメッセージを寄せてくれた。〈私は、〝にぎやかな〟事を作り出す職業に就いておりますが、趣味のほうはというと、とても静かなものです。私の人生でこの二つはとても重要で、どちらも欠くことができないものと感じております。日本の多くの虫仲間とも、親しく交流していまして、特に、藤岡さんは音楽とチョウがとっても好きなので、私とぴったり合います。二人とも、大人になっていない、永遠の〝虫とり少年〟です！〉――。

「でかい仕事をする人は、ああいう人なんだよなぁ」

慶応大学名誉教授の小檜山賢二《こひやま》さんが、約15年をかけた写真集『象虫：マイクロプレゼンス』（出版芸術社）。被写体となった数ミリから数センチのゾウムシたちが、まるで未知の大型哺乳類や恐竜のような姿で、ページからはみ出さんばかりに迫ってくる。その出版祝賀会が２００９年10月、都内で行われた。藤岡知夫さんが世話人代表、解剖学者の養老孟司さんや仏文学者の奥本大三郎さんら、藤岡さんと旧知の各界虫屋が世話人に名を連ねた。

小檜山さんは十代の頃からチョウの撮影を始め、慶応大学理工学部４年の時、当時助手だった藤岡さんを訪ね、チョウの生態や分布の知識を教えてもらった。以来、大学の研究上も、プライベートでのチョウに関しても、子弟関係だった。１９７０年代の前半には、共著で当時としては画期的な生態写真集『カラー日本の蝶』『カラー日本の蝶〈続〉』を相次いで出版した。90年代前半からは、マイクロフォトコラージュという手法で、昆虫の触角から体毛の先端まであらゆる個所にピントがあった、他に例を見ない作品を発表している。

そんな小檜山さんが、師匠の藤岡さんを評して言う。「唯我独尊というか、白黒付けたがる。敵も多いけど、味方も多い。けんかばかりして、見ていてヒヤヒヤするので、もう少し、敵を作らないでほしい。でも、でかい仕事をする人は、ああいう人なんだよなぁ」。

たしかに、藤岡さん自身、語っていた。「私はチョウの研究も徹底的ですが、けんか相手に対する攻撃も徹底的なんです。それで墓穴を掘ったことも人生で一度や二度ではなく、慶応義塾大学の教授職を40代で辞めざるを得なかった時もそうだった。でも、執拗に相手を攻撃するというのは精神衛生上、すこぶる良く、私の健康の秘訣でもあるのでね、止められんのですよ。ほっほっほ…」。

これを聞いた瞬間、〈なんとも厄介なおやじだなー〉とつい、私は思った。執拗に相手を攻撃することが精神衛生上、〈すこぶる悪い〉のでなく〈すこぶる良い〉というのだから。しかも〈健康の秘訣〉なのだ。とはいえ、小檜山さんのような見方もあるのかと、虫屋の先達の柔軟な思考にはなるほどと感心してしまった。

今年からライフワークに本腰

藤岡さんの文字通りのライフワークは『日本産蝶類及び世界近縁種大図鑑』の完結だ。この『近縁種大図鑑』は、1975年に出版した『日本産蝶類大図鑑』の視野を世界に広げたもので、第1巻の「アゲハチョウ・セセリチョウ編」が1997年、刊行された。第2巻以降は、「シロチョウ編」「シジミチョウ編」「タテハチョウ編」「ジャノメチョウ編」で、計5巻になる予定だ。

「10年ほど前まで、（本業の）レーザー研究の国際会議などで多い年には年10回前後、欧米出張の機会がありました。会議終了後も、その地にとどまって博物館のコレクションを見せてもらい、日本のチョウ相の解明にかかわる標本の撮影に精を出しました。大英博物館（ロンドン自然史博物館）に1か月くらい、通ったこともありましたね」（藤岡さん）。

『近縁種大図鑑』をめぐっては1996年9月、藤岡さんにとって大きな転機となる出来事があった。米国出張中に乗った飛行機内で、緊急のアナウンス。爆弾が仕掛けられた可能性があり、乗客の荷物を調べさせてもらう、という内容だった。その瞬間、機内は緊迫した空気が流れた。

「アナウンスを聞いて、死が頭をよぎりましたが、結局、爆弾は見つからず、悪質ないたずらだったのです。ただ、それから間もなく、うとうとしたら、夢を見ましてね。爆弾が大爆発して、飛行機が落ちる場面です。ハッと目が覚めて、自分がやり残したこと、これはやってからでないと死んでも死にきれないものは何だろう、と考えました。好き勝手なことをやってきた我が人生ですから、それほど思い残すことはないはずでした。ですけど、唯一、これだけはと頭に浮かんだものがありました。それこそ、『近縁種大図鑑』の完結だったのです」。

大図鑑は未完に終わるのではとの声も

帰国後、藤岡さんは『近縁種大図鑑』の製作に取りかかる。約1年間、会議や面会などはすべてキャンセルし、執筆に没頭した。1997年、第1巻「アゲハチョウ・セセリチョウ編」の出版にこぎ着ける。「これで、ちょっとホッとしましてね。その後、レーザー研究のほうがますます忙しくなったこともあって、次の『シロチョウ編』はまだ途中の有り様。今年から、毎年1冊ずつ出すつもりで、気合を入れたいと思っているところなんです」。

ただ、虫屋の間では、『近縁種大図鑑』は未完に終わるのではないか、という声もチラホラ聞こえる。分類や生態の記述のみならず、何百、何千点というチョウの標本のラベル〈採集地・年月日などが記されている〉を取り外し、撮影して元に戻す作業は、生半可なことではない。製作費は、私費をつぎ込んでいる。畏敬の意味を込めて、〈狂気の果ての作品〉と表現する藤岡ファンの虫屋さえいる。

「私は今年（2010年）、75歳になります。同級生の3分の1はすでに死んでおりまして、この5冊を書き上げたら、自分もようやく、くたばるのじゃないですか。まあ、私が死んだら、大喜びする連中がたくさんいるでしょう、な」。藤岡さんはさも愉快そうに野太い声で笑った。

9　昆虫の森から遺伝子の森へ分け入って

福岡伸一

福岡伸一（ふくおか・しんいち）

1959年、東京生まれ。生物学者。青山学院大学総合文化政策学部教授。京都大学農学部卒。ロックフェラー大学およびハーバード大学医学部博士研究員、京都大学助教授などを経て現職。翻訳も手がけ、卓越した文章に魅了されたファンも多い。『プリオン説はほんとうか？』で講談社出版文化賞科学出版賞、『生物と無生物のあいだ』でサントリー学芸賞、新書大賞受賞。2006年、第1回科学ジャーナリスト賞受賞。『もう牛を食べても安心か』『ロハスの思考』『できそこないの男たち』『動的平衡』『世界は分けてもわからない』『ルリボシカミキリの青』など著書多数。

チョウを殺《あや》めた指先の痛みがいまも

青山学院大学相模原キャンパスは米国の大学のような広々とした敷地で、建物も洗練されていた。福岡伸一さんの研究室に向かっていると、礼拝堂の鐘の音が聞こえてきた。

「新種の昆虫を発見するという、少年時代に抱いていた夢はついえたんですが、新しい遺伝子を捕まえることはできるのでないか。そんな意識で、分子生物学という分野に、取り組むことになりました」。福岡さんはにこやかな表情で、虫とのかかわりを話し始めた。

「少年は、虫とか魚とかカエルとか〝ウェット系〟にいくか、鉄道とかロボットとかモデルガンとか〝メカ系〟にいくか、早い時期に分化すると思うのですが、私は気がついたら虫好きだった。理由はよく分からないのですが、おそらく、ほかの昆虫少年と同じように『チョウチョってきれいだなぁ』と単純に感じたのが、最初だったでしょうね」。

福岡さんは小学校に上がって間もなく、昆虫採集に熱中した。捕虫網を持って野原を駆け回り、捕まえたチョウを展翅板《てんしばん》で翅《はね》や触角を整え、標本箱に並べてコレクションするという、昆虫少年の典型的なスタートを切った。

「ただ、どうしても野外で採集すると、翅のどっかが欠けているとか、鱗粉《りんぷん》が取れているとか、完全な標本にはならないわけですね」と福岡さん。「ちょっと残酷なんですけど、完品《かんぴん》を作ることを目的に、アゲハチョウの飼育を始めたんです。小学1、2年の頃からだと思いますが、卵を採集しまして、家のベランダで飼って、サナギにして、翅脈《しみゃく》が伸びて、完全なチョウになったとき、胸をぴっと押して殺し、完全な標本をつくり――」。

飼育個体を標本にすることは、昆虫少年や大人のチョウ屋の世界では普通のこと。単に美しい標本を作って観賞するためでなく、地理的変異を調べたりする時は、翅の模様や体色が羽化した頃と変わらぬまま保たれていることが肝要だ。野外で採集したチョウの場合、風雨に打たれたり、鳥につつかれたりして翅が傷んでいることが多く、模様が不明瞭になって変異を見分けにくいことがある。それにしても、福岡さんが小学校低学年から、飼育個体の標本作りを始めたのは早熟なほうだ。

「こんなわけで私の指には、チョウを殺した痛みが宿っておりまして。それがいまも、生物学者として、生命に対するある種の申し訳ない、という気持ちにつながっているのかも知れません」（福岡さん）。

分子生物学の研究で実験用のマウスは欠かせない。研究の進行とともに、小さな生き物の死は累々と積み重なる。1人の研究者が生涯で、数万匹のマウスを使うことも珍しくない。そこでマウスは1個の材料と化している。だが、少年時代に自分の指でチョウを殺《あや》めた体験を持つ福岡さんは、数十年の研究生活を続けても、いまだ、生き物の命を奪う罪責の念と無縁ではいられないのだ。

ファーブルや今西錦司にあこがれて

福岡少年は、『昆虫記』のジャン・アンリ・ファーブルや、カゲロウの観察を通じて棲み分け理論を提唱した京都大学名誉教授の今西錦司（1902〜1992）氏など、ナチュラリストの風貌をもつ研究者にあこがれた。そうした生き方を実現できそうな場所であると信じて、京都大学農学部に進む。当時、1970年代後半は、東京周辺から関西の大学に行く人はまだ少なくて珍しがられた。しかし、いざ大学に入ってみると、ファーブルや今西氏のような研究者はいなかった。

「それは先生として、教壇に立っていないというのは当然なんですけど、単に新種を発見したり、記載したりすることが、学問としてなかなか成立しなくなっていたわけです。害虫を駆除するにはどうしたらいいかとか、ゴキブリのフェロモン物質を抽出して構造を決めるとか、実学的な応用研究としての昆虫学みたいなものがあったわけなんです。私としては新種の虫を捕まえるため、ニューギニアやボルネオに行くという様なことを想定していたので、ちょっとがっかりしたんです」。

新たなバイオテクノロジーの波に乗り

その一方、福岡さんが京都でキャンパス生活を送っていた時期、別の新しいトレンドがアメリカからやってきた。それはもはや個体として生物を見る時代は終わり、細胞や遺伝子、あるいはタンパク質のレベルで、生命をより統一的に理解することを目指す潮流だった。研究者を目指していた福岡さんも、その巨大な波にのみ込まれた。

「バイオテクノロジーが新たな手法として次々と導入され、遺伝子をミクロな外科手術のような方法で切り貼《は》りして増やすような方法が現れました。ヒトの全ＤＮＡ配列を読み取って、その働きを明らかにしたヒトゲノム計画のような巨大サイエンスはまだ存在せず、研究者が自分の興味に基づいてコツコツと遺伝子を〝採集〟していた時代だったのです」と福岡さん。「当時の私は、捕虫網をミクロな実験器具に持ち替え、細胞の森の中を分け入る方向へ、宗旨替えしたわけなんですよ」。

アゲハチョウの飼育に夢中だった小学生時代

〈いつの間にか私はアオスジアゲハのサナギを見つけることがとてもうまくなっていた。サナギがついた枝を折って、家に持ち帰る。枝を花瓶に挿して毎日観察する。緑色の硬い宝石のようなサナギは、日がたつにつれ徐々に変化してくる。殻がだんだん薄くなり内部がうっすらと透けて見えるようになる。中に複雑な文様が浮かび上がってくる。幼虫が蝶に変わること。これほど劇的なメタモルフォーゼは他にはない。そのすべてがこの小さなサナギの内部で進行しているのだ〉――。

福岡伸一さんが2007年に著した『生物と無生物のあいだ』。各界の名うての読み手に絶賛されるベストセラーとなり、現在も売れ続けて65万部に達した。そのエピローグで述懐されるのは、小学校低学年のときに体験したアオスジアゲハの変態（メタモルフォーゼ）にまつわる鮮烈な記憶だ。福岡少年はアオスジアゲハ以外にも、ナミアゲハやキアゲハ、クロアゲハなど複数種のアゲハチョウを育てていた。

「育ち盛りの幼虫は、モリモリとものすごい勢いで食べますよね。鉢植えのミカンの木なんかで飼っても、幼虫が2、3匹いたら1日で丸裸になってしまう。いかにその食物を安定して供給するか、というのが大変なんです。（チョウ屋で衆院議員の）鳩山邦夫さんの音羽御殿と違い、私は団地住まいの少年でしたから、学校の行き帰りに、どの家の庭にどういう植物があるか、手に届く生け垣になっているかとか、そういったことを含め、情報収集のために町内を地回りしまして。『おっ、ナミアゲハやクロアゲハの食草のサンショウがここにあるぞ』という風に目星を付けておくわけです。それで、時々、黙っておすそ分けしてもらいまして…」。

近所から食料の葉っぱを失敬、母とおわびしたことも

「ところが、ある日、みつかっちゃったんですよ。『こらーっ！　何してる！』って怒鳴られ、ヤバイって、家に逃げ帰ったんですけど、家にはおなかをすかせた子供たち（幼虫たち）が待っているわけですよ。こまったなと思って、悩んだ末に母に白状しまして、やむにやまれぬ事情を説明し、一緒にそのお宅におわびに行ってもらって、かくかくしかじかの理由で、ちょっとだけ葉っぱをわけていただけませんでしょうかと、お願いしました。次の日からは、公然と持って帰ってもいいことにしてもらったりとか、まあ、なんとかそういうふうにして、子供たちを育てていたわけなんですよ」（福岡さん）。

脱兎のごとく逃走する福岡少年。心の葛藤に少なからずさいなまれた末、母親に白状した、三十数年前の出来事を回想する福岡ハカセ。ヘルマン・ヘッセ『少年の日の思い出』（P151※）を彷彿とさせる逸話ではないか——と、私はそう感じずにいられなかった。こうした経験を通じ、福岡

少年は自分の好きな昆虫の世界を渉猟《しょうりょう》しつつ、世間と折り合いを付けて生きる術《すべ》を、知らず知らずに学んでいったことは想像に難くない。

「そんなわけで、家中に幼虫が入った箱がたくさんありまして。ただ、サナギになるときはなぜか、彼らは箱の中にいるのがイヤみたいで、抜け出して、自分の落ち着く場所にサナギを作るんですよね」(福岡さん)。

アゲハチョウの幼虫の飼育を経験した人ならば、だれでもうなずくだろう。彼らは、安心してサナギになれる場所を探し求める。野生では、幼虫は食草から離れ、家の軒下や物置の壁など人工物で、蛹化《ようか》していることもまれでない。この理由の一つは、足場が安定しているからでないか、と考えられている。積雪のある地域では、雪に埋もれない高い位置で蛹化する、とも言われている。

「だから、幼虫たちはしばしば脱走して、布団の下でつぶれていたりして…。家族はみんな嫌がっていたと思うんですけど、口にだして飼育をやめなさい、捨てなさい、とは言われなかったんですよ。なので感謝しています」と福岡さんは白い歯を見せる。「それにしても、ほんとにしばしば、幼虫が脱走して家中を捜索して、どこにもいないなと半ばあきらめて、ふと見上げたら、天井のはじっこでサナギになっていたりして、『あそこにいたか!』というようなことが何回もありましたね」。

私は話を聞きながら、当時の福岡家の様子がありありと想像できてしまった。虫の脱走事件で一騒動という出来事は、昆虫少年がいる家庭では、日常茶飯事で起こることである。

「サナギになると、季節にもよりますが、2~3週間くらいして、羽化してくるわけです。一両日中に羽化するとなったら、寝ずの番みたいになって、でも、ウトウトしている間にいなくなっていたということが、何回もありましたね。はじめは完全な標本を作ることが目的だったのに、だんだん飼うこと自体が楽しくなってきて、羽化したら放《ほう》チョウするようになりました。大空にチョウが飛び立っていく後ろ姿を見送り、胸がきゅん、となるような体験を繰り返していましたねぇ」。

※主人公の僕は、友人エミールが手に入れたクジャクヤママユの標本に魅了され、盗みを犯してしまう。母親に白状して諭され、エミールに許しを請うが、軽蔑のまなざしで拒絶される。家に戻った僕は抑えきれぬ衝動に駆られ、大切にしていた自身のチョウやガの標本をすべて粉々につぶして壊してしまう。

観察記録は一夏の研究論文

「夏休みの自由研究はやはり、チョウの観察記録なんですよ。学校の先生はそんなものを読んでも面白くなかったと思うんですけど、私としては一夏の研究論文なんで、最初は絵日記みたいのをつらねて、巻物にしたものを提出したら、次の日に学校に行くと廊下に張り出してくれていて、誇らしい気持ちになった。何月何日に卵がかえって、一齢幼虫がまずは自分の卵の殻を食べる、その場面から記録を始め、与えた葉っぱをこれくらいの速度で食べたとか、どんなフンをしたとか、サナギになって羽化するまでの様子をずっとマンガみたいにならべたりして。絵だけじゃなく、そのうちカメラで撮影するようにもなり、メタモルフォーゼを写真で紹介するようなことにも挑戦しましたね」。

こんなエピソードからも、福岡少年の精神形成にチョウが大きな役割を果たしていることが良く分かるだろう。

「『生物と無生物のあいだ』のエピローグに書いたように、アオスジアゲハの越冬したサナギをたくさんつかまえて、夏まで物置にしまったまま、忘れてしまったりとか、いろんな残酷なことをたくさんやってですね、でもそういうことを通して、生命が持っている動的なものや、脆弱《ぜいじゃく》さみたいなものを感じ取って、なにかそういうことにかかわる仕事に就ければいいな、というふうに当時から、ぼんやりと考えていました」（福岡さん）。

福岡ハカセの生命観を育んだ経験

動的平衡。福岡ハカセのキーワードであり、その著書などを通じて、多くの人が知ることとなった。それは、生体を構成している分子は口にした食物の分子と高速で置き換えられ、ミクロのレベルで見た場合、私たちの存在は川のように流れる分子のゆるい淀《よど》みに過ぎない——と説明される。この生命観に近づいたのは、昆虫少年時代の体験が色濃く反映されていた。

「『はらぺこあおむし』っていう絵本はご存じでしょう。すてきな絵本ですけれども、元昆虫少年としては、一つだけ不満なことがあるんですね」。福岡さんはにこやかに言う。

「アオムシが腹ぺこなのはそりゃその通りで、私が育てていたアゲハチョウの幼虫も、ものすごいいきおいで食べたわけですけれど、はらぺこあおむしは手当たりしだい、果物だろうがチョコレートだろうがアイスクリームだろうが、なんでもかんでも、むさぼり食べておなかが痛くなっちゃう、ということになっています。それは作者のエリック・カールさんが、人間の戯画として描いたならいいと思うんですけれど、現実のチョウの幼虫は自分の食べるものを禁欲的にかたくなに守っていて、アゲハチョウの中でも、ナミアゲハだったらミカンとかサンショウしか食べないし、キアゲハだったらパセリとかニンジンしか食べないし、アオスジアゲハだったらクスノキやタブノキしか食べない。どんなにおなかがすいていても、ナミアゲハやアオスジアゲハにパセリを与えたら、うけつけずにやがて餓死する。私がチョウの飼育を通して最初に学んだのは、生物の食性に関する厳しさというものでした」。

福岡さんは笑顔を絶やさずに話を続けた。「食べ物を限定するということは、ある限られた資源をめぐって、ほかの種と無益な争いを起こさないように、棲み分けているということです。昆虫少年だった私は、知らず知らずにそれらを目の当たりにして、長じて動的平衡という考えを持つに至ったのでしょうね」。

新種発見の夢は破れるも別の発見に出会う

「昆虫少年の一つの夢として、新種の虫を捕まえて、それに命名し、自分の名前が付いた学名が図鑑に載ったら、どんなに素晴らしいことか！　そう思うようになるんです」。〝わかるでしょう〟という目をして福岡さんは言った。「でも、そう簡単に新種の虫を捕まえられるはずは、ないわけでして。チョウなんかとくに記載され尽くしているので、無理なんですけども、まあ、ほかの虫でなんとかできればいいなぁと、少年らしい夢想が続くわけですよ」。

確かに、例えば進化論のチャールズ・ダーウィンも自分の名前が虫とともに図鑑に載った時の喜びについて、詩人が初めて作品が印刷された時の喜びに勝るとも劣らない、というふうに書いた（筑摩書房『ダーウィン自伝』）。ダーウィンは物心ついた頃から昆虫採集に凝り、ケンブリッジ大在学中はコガネムシなどの甲虫類に熱を上げて、蒐集《しゅうしゅう》していたことが知られている。

福岡さんは昆虫少年時代、すわ新種を発見か、という後々まで忘れがたい体験を回想した。

「小学校の3、4年くらいの頃、すごい台風がやってきて、家の前に立っていたアオギリという桐の木が根もとからバーンと倒れて、横たわったんです。普段は手に触れることができない高いこずえが、目の前にあった。で、こういうとこには何か、ふだんと違う虫が隠れているかも知れないとひらめいて、調べだしまして。そうしたら案の定、見たことのない、丸い、サファイアみたいな、緑色をした、テントウムシみたいな、しかしテントウムシではない、不思議な虫が張り付いていたんですよ。あっ！　と思ってすぐに捕まえて、ガラス瓶に入れまして。保育社の昆虫図鑑のチョウと甲虫の巻は毎日、ボロボロになるくらい見てましたから、日本の虫はたいていなんでも分かると自信がありました。でも、分からなかったんで、ひょっとして新種かも知れないとわくわくしました。家に帰ってから、改めていろいろと調べたんですけど、どこにもそんなの載っていないので、いよいよ新種だろうとの確信が高まりまして。〝ミドリツヤムシダマシ〟とか、そんな名前がつけられるんじゃないかと…」。

福岡少年が命名しようとした謎の虫、ミドリツヤムシダマシ。――ありそうで無い昆虫の名である。

「どうしたものかと思ったんですが、当時、千葉の松戸というところに住んでいたので、常磐線に乗って、上野の国立科学博物館（科博）にとにかく行ってみよう、ということになりまして。いまの科博《かはく》はかなり展示を工夫していて、ストーリーのある地球の歴史みたいな、一般に分かりやすいテーマ別になってますけれど、昔の科博って、とにかく標本だったら標本が並べてあるだけという感じで、むしろ、虫好きとしてはそういうほうがうれしいのですけどね」。

「新種にあらず」昆虫学の泰斗《たいと》からご託宣

「そういうわけで、科博に行けば、何か分かるかもしれないと思いついて、〝ミドリツヤムシダマシ〟を入れたガラス瓶を大事に抱えて行ったんです。たぶん、受け付けのお姉さんがその日はひまだったのか、少年が息せき切って飛び込んで来たので、『専門の人がいますから見てもらいましょう』といって、案内してくれまして。そのときはじめて、国立科学博物館は展示スペースとは別にバックヤードがあり、その空間にはなんだか不思議なことをやっている人たちが潜んでいる、ということを知ったんです。お姉さんに先導され、ある部屋に通してもらいましてね、後になって分かったんですけど、黒沢良彦先生という、昆虫学の泰斗の一人の研究室でした」。

黒沢良彦（１９２１～２０００）氏は九州大学の〝虫聖〟江崎悌三博士の弟子で、国立科学博物館の動物研究部長などを歴任した。チョウに限らず昆虫全般に精通し、1983年に沖縄本島北部で発見された日本最大の甲虫、ヤンバルテナガコガネを新種記載したことでも知られる。

「黒沢先生の研究室は狭くて古びてて、標本箱がうずたかく積み上げられて、私はそうした標本箱に触れないように体を横にして、ソロソロと奥に進んで行きました。すると、（鉄腕アトムに登場する）お茶の水博士みたいな黒沢先生が、泰然と座っておられてですね、でも、きちんと対応してくれて。先生に、実はこういう虫を捕まえたんですけど、と尋ねたら、『どういう状況で、どういうふうに捕まえたのか、教えてください。虫は採集した時の状況が大切なんです』と言われまして。なるほどと、子供ながらに感心しまして、『家の前のアオギリの木が台風でバーンと倒れて、こずえに見たことのない虫が張り付いて…』と説明したら、先生は虫眼鏡で私が発見した〝ミドリツヤムシダマシ〟をしげしげと検分しながら、『ふむ、これはありふれたカメムシの幼生だ』と、言われまして――」。

私の目には、福岡少年の落胆した横顔が浮かんだ。たぶん、特徴ある太いまゆ毛はハの字になり、ランニングシャツを着ていた（に違いない）背中は汗でぬれそぼり、ひんやりとしていたことだろう。松戸から上野まで、新種の〝ミドリツヤムシダマシ〟が入ったビンを大事に抱えて持ってきたのに、あっけなく、非情な判定が下ったのだから。

三十数年の時を経て、福岡ハカセはしみじみと回顧した。「カメムシというのはご存じの通り、不完全変態で、卵から生まれるとすでに小さなカメムシっぽい形をしていますが、そのあと何回かの脱皮で本当のカメムシになっていくわけです。その途中のプロセスというのは、成体に比べてソフ

福岡少年が捕らえた“ミドリツヤムシダマシ”を鑑定した国立科学博物館の黒沢良彦さん。「主人は昆虫少年にとても親切でした。自分自身が若い頃、江崎悌三先生はじめ偉い先生方にご指導いただいたからでしょう」（写真提供の妻・万里子さん談）

トで丸い形をしていて、色も違うんですね。幼生は図鑑にも載っていないし、私も知らなくて、それが新種だと判断した。黒沢先生からご託宣をいただいて、がっかりだな、夢破れたな、と感じましたね」。

が、しかし、このときの体験は無駄ではなかった。落胆に暮れるだけでなく、人生の糧となる何かを得てしまうのが、福岡ハカセのハカセたるゆえんなのだ。「新種の発見はできなかったんですけど、その代わり、別の大きな発見ができたんです。つまり、研究を生業《なりわい》にしている人たちがいる、ということを知った。虫や生物を研究することを職業にできたらいいなぁという気持ちが、自然とわいてきた。現在ある私の出発点みたいなものが、あの日に形成されたと言ってもいい――」。

あこがれの図鑑『世界の蝶』を大人買い

「小学校の高学年になって、図書館の禁帯出のコーナーにたまたま迷い込んで、私は〝虫の虫〟であると同時に〝本の虫〟でもあったんですが、ふと手に取った本を見ると、黒沢良彦先生と中原和《わ》郎先生が書いた『世界の蝶』（序文・江崎悌三　1958年）という本でした。トリバネアゲハから始まって、モルフォチョウとか、いまから見ると、そんなに素晴らしい印刷ではないんですけど、当時は原色に近いし、原寸大に近いし、一枚一枚の標本の写真にパラフィン紙がかぶされていて解説が載っているという、豪華な本だったんです。世の中にこんなすごい本があるのかと、本当にもうびっくりして、是が非でもこの本を手に入れようと（出版元の）北隆館に連絡したらもう絶版です、と。で、思いあまって黒沢先生に手紙を書きまして、なんとかこの本をおわけいただけないでしょうかとお願いしましたら、『私の手元にも自分用しかないので古本屋で探してください』と、丁重な返信をいただきまして」。

福岡少年が、雷に打たれたような衝撃を受けた『世界の蝶』。この連載で登場してもらった元昆虫少年たちは、例外なく、幼少期に強い影響を受けた図鑑の存在を証言しているが、福岡さんにとっては『世界の蝶』がそれだった。この図鑑は当時の昆虫少年やチョウ屋の間で評判を呼んだようで、私の周囲でもその〝衝撃〟を昨日のことのように語る、昆虫オヤジは少なくない。

福岡さんの一連の著書では、少年時代の思い出や比喩《ひゆ》として、さまざまな昆虫が登場する。例え

古書店で“大人買い”した『世界の蝶』（福岡伸一さん蔵）

ば、『生物と無生物のあいだ』で美麗種の外国産チョウであるトリバネアゲハの一種を、未知のタンパク質の例えとして引用していたのは『世界の蝶』から受けた影響だろうと、私は分かった。

黒沢氏とともに『世界の蝶』を著した中原和郎（1896〜1976）氏は、日本のガン研究のパイオニアで、国立がんセンター（現国立がん研究センター）の初代研究所長や総長を歴任し、その傍ら、少年時代からのチョウ研究を続けた。米国人の妻との間に生まれたシルビア嬢が夭折したことをしのび、シジミチョウの一種にシルビアシジミという和名を付けた逸話は、虫屋の間であまりに有名だ。

さて、福岡少年はどうしても『世界の蝶』を手に入れたい。東京・神田の古書店街に足しげく通い続けた。「なかなか見つからなかったんですけど、とうとうある店で『世界の蝶』が上の方の棚にあるのを発見したんです。ところが4万円もしたんですよ。出版時の定価で3000円だったと思うんですけど、10倍以上の値段になっていて、とうてい小学生じゃ買えないわけですよ！　それで泣く泣くあきらめたのですが、社会人になってから大人買いした1冊が手元にありまして。ちなみに2万5000円でした」――。三十数年が経ち、青山学院大学の研究室で、福岡ハカセは手に入れた時のうれしさを反すうするように、眼鏡の奥の目をキラキラさせながら語った。

新種昆虫の代わりに遺伝子を捕まえた！

福岡さんは、米国・ハーバード大学医学部研究員時代、タンパク質 glycoprotein2（GP2）を発見した。２００９年11月、科学専門誌『ネイチャー』で、ＧＰ２に関する研究論文が掲載された。「新種の虫は捕まえられなかった私ですが、タンパク質やその遺伝子を捕まえることはできまして。もっとも、子供の頃にあこがれたルリボシカミキリやルリタテハみたいな、しゃれた和名を付けることはかなわず、学名に自分の名前を付けることもできないわけですけど。実際、捕まえた遺伝子は、ＧＰ２という色気のない愛称を付けられました」。

福岡さんは１９９０年、アメリカ細胞生物学会でＧＰ２の遺伝子構造を発表しており、今回の論文ではＧＰ２が、消化管に侵入した病原体の細菌を免疫細胞に引き渡す、レセプター（見張り役）として働いていることが明らかになった。このことは例えば、インフルエンザ・ウイルスに対する、経口ワクチン開発に道を開く可能性を示しているという。

「ＧＰ２を発見した当時は、人間にとってすごく重要な役割をしている、つまり生命現象の根幹にかかわる大事なことをやっているに違いない、大物のタンパク質を捕まえた！と思ったわけです。ただ、昆虫採集だったら、その虫がそれまで記述された虫と異なることを明らかにして、模式標本にすれば分類が終わるわけですけれども、タンパク質や遺伝子の場合、一体それが何をしているのかという機能を突き止めないと、発見としては終わらない。そこで、私はＧＰ２遺伝子を欠損させたマウス、つまりＧＰ２ノックアウトマウスを作り出し、そのマウスを使って様々な角度から、いろんな方法で、繰り返し調べたわけです。ＧＰ２の発見から20年近く経って、ようやく今回の新発見につながりまして」。

科学のあり方は昆虫少年時代に学んだ

福岡さんは自身の科学観についても、よどみなく語った。

「科学の本質は、何かの役に立つことを目指しているのでなく、ただ知りたいという気持ちが出発点で、生命現象はこうなっていますよ、ということを記述することです。そういう意味では昆虫採集も、こんな珍しい、こんな美しい虫が、この地球上にいて多様性を支えているのです、という記述であり、やっていることは同じです。例えば、アオスジアゲハが何の役にたっているかということは、だれも問わないわけですよ。世界の多様性の一部として、私たちはこういうものがあって、『きれいだわ』『不思議だね』って言うことが、科学の原点なんです。それで、あぁなるほど、世界はこんなに豊かなんだということが分かれば、科学が役に立ったということです。例えば産業上、なにかお金もうけにつながるということが、役に立つことでは必ずしもない。GP2の正体解明が、そういうことにひょっとしたら役立つかも知れないけれども、それは最初から予定されて進められた研究ではなくて、やっぱり科学というのはどこまで行っても記述、世界の精妙さを記述するものとしてあると、私は考えます。昆虫採集も分子生物学の研究も、本質的にはなにも変わらないのじゃないか、と…」。

福岡さんは一瞬、思考をめぐらすような表情に変わり、さらにこう語った。

「やっぱり、科学はすごく時間がかかるし、そのプロセスこそが喜びなのであって、昆虫採集も実は最後の展翅《てんし》されたチョウも美しいですけども、それを捕まえたり、育てたり、一生懸命きれいに仕上げようとして、だけれど何度も展翅に失敗したり、今はもう（東京の）渋谷にはなくなってしまいましたけれども、志賀昆虫普及社に通ってですね、いろんなサイズのピン（昆虫針）を選んだりとか、そういうプロセスに学ぶべきことが実はたくさんある。これらのことは、何かの役に立とうとしてやっているのではない、わけですよね。そういう意味で、科学のあり方というものを、昆虫好きだった少年時代にすべて学んでいたんだなぁというふうに、今日、すごく思うわけなんです」。

福岡ハカセの〝講義〟に、私は耳を傾けた

生物多様性（biodiversity, biological diversity）。「種」の多様性だけでなく、「遺伝子」、「生態系」の多様性も含んだ多様性を意味し、その保全は21世紀最大の世界的課題とさえ言われる。Biodiversity という造語は、米国の昆虫学者Ｅ・Ｏ・ウィルソンが使い始めて広まったとされるが、なぜ、生物多様性がそこまで重要視されるのか、巷ではストンと腑に落ちる説明にお目にかかれない。

「例えば、こういうことだと思うんです。大気中の二酸化炭素が増加して、それが地球の温暖化につながるかも知れないという、一つの大きな環境問題がおこっているわけですよね。二酸化炭素というのは別に毒でもないし、害悪でもなくて、単に炭素の循環の中の一形態で、本来であれば生物は炭水化物を栄養源として、それを酸化することによって熱エネルギー・化学エネルギーを得て、その産物として二酸化炭素を放出している。その二酸化炭素は、植物が太陽のエネルギーを利用し

てもう一度還元して、炭水化物に代えてくれる、と。その循環がうまく回っている限りは、二酸化炭素はつねに存在し続ける必要があるし、一定量の存在があって当然です。でも、その二酸化炭素が増大しているということは、いったい何を意味しているかというと、その流れが滞っている。つまり、インプットが多すぎて、アウトプットが少ないということなんですね。その循環を支えているのは何かというと、生命活動以外にはない。地球環境のありとあらゆるところに、その環境に適応して、そこをニッチとしている生物が存在している――」。

福岡ハカセがいうニッチとは凹《くぼ》みをイメージしたもので、生物が凹みにうまくはまって、棲《す》み分けていることを指している。

「ニッチとしている生物は、循環の網の目を支えているそれぞれがプレーヤーで、彼らはやってきたバトンを次々とほかのプレーヤーにバトンタッチ、手渡しています。その網の目が密であればあるほど循環は強靱《きょうじん》なものになる。それはどこかが切れてもほかのバイパスがあるためです。例えばインターネットは、拠点が多くあればあるほどネットとしての安定性が保たれるわけで、それと同じことが物質の循環、エネルギーの循環でも、地球全体に言えるわけです。それが何十億年も続いてきたのが地球環境で、それを支えているのが生命活動であり、その一連の循環、流れこそが動的平衡である、ということになるのです」。

トキもアオスジアゲハも等価値

そして、福岡ハカセの〝講義〟はいよいよ、生物多様性の重要性の核心に近づいてくる。「チョウが特定の植物を食べる、ある種の虫はこの周波数で鳴くとかですね、そうしたありとあらゆるところで、生物が棲み分けて、絶え間なくやってくるエネルギーや物質や情報を、次の生物にバトンタッチする。それはあるところでは食うか食われるかの関係でしょうし、あるところでは排せつ物を次々と分解者が分解するということだろうけども、地球全体の炭素の総量というものは、太古の昔から現在まで、ほとんど変わっていない。核融合や核分裂ということがあるにせよ、大まかに言うと変わってなくて、循環し、ぐるぐる流れているということが健全さの表れで、その流れている駆動力は生物が担っているのです。だからこそ、生物の多様性というのは大事だ、ということになるわけです」。

そうなってくると、生物種に優劣はあるのだろうか、私は素朴に思った。小さな虫と巨大な哺乳類を比較したら、どうなのだろうか、と。福岡ハカセに質問してみた。

「ある種が消え、ある種が出てくるというのはある意味では生命進化の必然なので、絶滅しそうな種をどうしても救わなければならない、というふうには私は思わないんですよ。それが必要な局面はもちろんあると思いますけれども、それだけが生物多様性の保全ということにはならない。要は、絶滅危惧種をとにかく救わなければならない、ということばかりに目を奪われると、生物多様性のほんとうの大切さを見失ってしまう。微生物だって、トキだって、アオスジアゲハだって、パンダだって、地球上の物質循環のプレーヤーとして活動しているという意味では、優劣はない。種としてみれば、等価と言えるでしょう」。福岡ハカセはにこやかに〝講義〟を締めくくった。

10 どくとるマンボウが全国の虫屋に“遺言”

北杜夫

北杜夫（きた・もりお）

1927年、東京生まれ。本名斎藤宗《そう》吉。作家。精神科医。日本芸術院会員。東北大学医学部卒。父は歌人の斎藤茂吉、兄は精神科医でエッセイストの茂太（故人）、長女はエッセイストの由香。60年『どくとるマンボウ航海記』が大ベストセラーになり、同年、ナチスの指令に苦悩する精神科医の姿を描いた『夜と霧の隅で』により芥川賞を受賞。『楡家の人びと』で毎日出版文化賞、『輝ける碧き空の下で』で日本文学大賞、『青年茂吉』『壮年茂吉』『茂吉彷徨』『茂吉晩年』の評伝4部作で大佛次郎賞を受賞。『どくとるマンボウ青春記』『酔いどれ船』『白きたおやかな峰』など著書多数。

古典になった「どくとるマンボウ昆虫記」

1961年に刊行された北杜夫さんの『どくとるマンボウ昆虫記』。いまや、昆虫をテーマにしたエッセーの古典だ。ドイツ文学者の岡田朝雄さんは本書について、NHK「私の1冊　日本の100冊」でこう解説した。〈あら探しが得意な虫屋としても、この本は、文句が付けようない名著である。著者の北杜夫さんは、小学生の頃から昆虫採集を開始、中学時代に100箱近い標本箱を空襲で焼失、そして、旧制松本高校入学前に採集を再開。この時の体験が、本書の根幹となっている。世界中の小説や詩を書く人で、これほど昆虫全般に詳しい人を、私は知らない。読むたびに、私は驚嘆し、この書が翻訳され、海外に紹介されないものかと願っている〉――。

「あー、どうもぅ、北杜夫です」。東京・世田谷の住宅街にある北さん方。5月中旬のある日、白髪のどくとるマンボウが、廊下を数センチずつ進むような、ゆっくりとした歩き方で現れた。

北さんは躁鬱《そううつ》病の持病を抱えていることは有名だが、長年の執筆活動で前かがみの姿勢を続けたため、重度の腰痛持ちとなり、足も弱った。昨年（2009年）、転倒して大腿骨を骨折して3か月入院、さらに肺炎に罹患。その数年前から歯も悪く、満足に食事も出来ず、ビールが食事代わり。それで、〈世を捨てた北杜夫〉〈あとは死期を待つばかり〉と、自らの現状についてエッセーでたびたび書いているくらいだから、私は会えるかなと心配していたが、今回、インタビューする夢がかなった。

「いろいろな分野の方たち、虫好きがいることはほんとうになんだか、うれしいですねぇ」。

北さんは、事前に送っておいた本連載の記事コピーの感想をそう述べた。ただ、声は消え入りそうに弱々しい。それでも、昆虫との出会いを懐かしげに回想してくれた。

病床で昆虫を渇望した小学生時代

北さんが昆虫採集にのめり込んだきっかけは、小学4年の時。夏休みの宿題で標本を提出したところ、他の児童の標本の中には、展翅《てんし》や展足がされ、種名や採集地を記したラベルを付けたものがあった。自分のよりもずっと立派で、仄聞《そくぶん》するうちに昆虫図鑑という存在を知り、平山修次郎著・松村松年《まつむらしょうねん》校閲『原色千種昆蟲図譜』（3円30銭）を買うべく、貯めていた小遣いを下ろして本屋に向かった。立ち読みされてカバーが薄汚れている図鑑でなく、真新しい図鑑を新版だろうと購入したものの、自宅で読み始めたところ、台湾や朝鮮半島の虫ばかりが載っていた。よくよく見ると『原色千種続昆蟲図譜』であることに気づいた。

「本土にいる昆虫はほとんど出ていないのですから、初心者の昆虫採集には役立たない。それから間もなく、急性腎炎になりましてね。小学5年の3学期を丸々ベッドで過ごしたのですが、家の者がふびんに思って最初の目当てだった『昆虫図譜』の正編を買ってくれた。加藤正世さんの『趣味の昆蟲採集』なんかも、毎日飽きずに眺めて、元気になったらあれを捕ろう、これも捕ろうと考えて過ごしていたわけなんです。虫とかかわりのある人生を送りたいと、強く思いましたね。春が来て、病の床を出て、縁側の陽光の中でビロウドツリアブがホバリングしていたのですが、〈『昆虫図譜』で見ていたために〉初めて会ったとは思えなかったんですよ」。

『どくとるマンボウ昆虫記』ではこのときを振り返って、〈彼女とははじめて出会った筈だのに私はずっと以前からの旧知のような気がした。むこうではそんなふうに思わなかったらしく、アッというまにどこかへ消えてしまった。しかし私にとっては、自分の住んでいる世界がいささかなりとも広くなったように感じられたのである〉——と表現されている。

茂吉と一緒に見たアサギマダラ

北さんの生家は、実父でアララギ派の歌人斎藤茂吉（1882〜1953）が院長を務める東京・青山脳病院だった。病院の両隣は原っぱで、近くの青山墓地の周辺には雑木林など自然が残っていた。徒歩圏内には、昆虫用品製造販売の老舗「志賀昆虫普及社」があり、昆虫趣味にとってはたいへんに恵まれた土地と言えた。

「それでも昆虫の数は、青山よりも、〈茂吉の別荘があった〉箱根のほうが圧倒的に多かったですね。印象に残っているのはアサギマダラ。小学2年か3年の頃、早雲山《そううんざん》に父と片桐さんという病院の運転手さんと一緒に初めて登ったのですが、はるかかなたにふんわり、ふんわりと飛んでいるのが見えた。最初は外国産のチョウかと思いました。その後、早雲山に何度も登りましたが、アサギマダラは花という花にたくさんいたこともありました。〈仏文学者の〉奥本大三郎さんから20年ほど前に聞いたことですが、アサギマダラは渡りをするチョウのようですね」。

アサギマダラについては、２０００キロ以上の距離を移動することが近年、わかってきた。マーキングと呼ばれる、翅《はね》に記号を書いて放つ調査も全国的に盛んだ。さて、北少年は昆虫への関心を強めていったが、いま振り返り、最も好きな虫の種類は何だったろうか。

「やっぱりオオチャイロハナムグリということになります」と北さん。「中学1年生の頃だったと思いますが、採集を始めてまだ2、3年くらいで、オオチャイロ（ハナムグリ）を捕まえることができたので、コガネムシを集中して集めるようになったんです。戦時中は工場に働きに行かされていたのですが、報奨金が月25円出るんです。その稼ぎで、新しい標本箱などを志賀昆虫（普及社）で買っていましたね」。

オオチャイロハナムグリは大きさで日本産コガネムシのうち五指に入る。珍しい種で、ブナやサクラなどの大木に空いた洞《ほら》で暮らしている。北少年は特にコガネムシのコレクターとなるが、その大きなきっかけになった甲虫だった。そして、中学を卒業する頃までには、国内のコガネムシ科の8割余を蒐集《しゅうしゅう》し、標本箱には亜科から属から亜属までの分類も厳密に、かつ種の配列についても慎重に並べるほどに凝った。が、１９４５年5月25日の東京大空襲ですべてを焼失。そんなショックを振り払うかのように、その後2年足らずで、約６００種・１６５０頭の昆虫を採集する。それらの標本を初公開したのが、〈岡田朝雄編〉などで紹介した「どくとるマンボウ昆虫展」なのだった。

間違いを指摘し茂吉に怒鳴られる

北さんの小説の情景描写には、昆虫がしばしば登場する。チョウの採集を生業にした男を描いた初期の短編『谿間《たにま》にて』のような作品は当然ながら、処女長編『幽霊』では〈草むらのとぎれた乾いた土のうえを、橙色《だいだい》の翅をふるわせて大きな蜂《はち》がせかせかと行き来していた。陽光の加減でその翅は緋《ひ》色になったり、ときには炎のように燃えたった〉。三島由紀夫が絶賛した『楡家の人びと』でも〈胡瓜《きゅうり》の支柱に立てた竹棒に赤蜻蛉《あかとんぼ》が翅《はね》をきらめかして、とまろうとして、宙にためらっている〉――など随所に、虫屋ならではの描写が挿入されている。

「意識的に書こうと思うんでなく、自然に出てくるんですよ」と北さん。身体に染みついているということなのだろう。続けて、北さんはふいに思い出したようにほほ笑んで言った。

「戦時中に茂吉が疎開していた（山形県の）大石田で、居候させてもらっていた家主の二藤部《にとべ》さんと一緒に河原を散歩していたら、ヘビトンボがいたんです。初めて見たので、持ち帰って父に見せたら、間もなくヘビトンボの成虫が源五郎虫である、という歌を作ったんですよ。これはあとから、歌集を編纂《へんさん》する手伝いをしていた時に気づいたのですが、ヘビトンボの幼虫は（疳《かん》の虫に効くとされる）孫太郎虫ですから、成虫が源五郎虫なんていうのは誤りなわけです。だから僕は、それは間違いです、と指摘したんです。そうしたら茂吉から『宗吉《そう》（北さんの本名）がそう教えたんだ！』と、怒鳴られたこともありました。父はとにかく頑固で、当時の僕にとっておっかない人でしたから、それ以上反論せずにいたら、そのまま作品として発表してしまったこともありましたね」。

きっかけを作ってくれた師匠のような恩人

〈オオチャイロハナムグリを捕らえたときも、今度こそ新種だと私は思った。ところがこれも『昆虫図譜』にちゃんとのっていて、しかし稀《まれ》な種だと記してあった。むかしは一匹採集されると昆虫の同好誌などによく報告がのっていたものである。中学の上級生にフクロウという人がいて、やはり昆虫をあつめていた。フクロウというのは、顔が似ているからではなく、フクロウを飼っているからであった。この人もオオチャイロハナムグリを一匹持っていて、気前よくそれを私にくれた。採集をはじめてわずかばかりで、この珍種を二頭も持っていたことから、やがて私はコガネムシを主に蒐《あつ》めだした。ふしぎなことにコガネムシの珍種には私はよく出会《くわ》したのである。コガネムシだけで三十箱くらい蒐めた〉(『どくとるマンボウ昆虫記』)。

「フクロウは私にとって師匠のような恩人です。温厚で、ほんとうに立派な人でした。この方のことは忘れられないですねぇ」。北さんは旧制麻布中学時代の上級生フクロウについてそう語る。フクロウは、北さんの他のエッセーでも何度か言及されている。フクロウとは、もちろんニックネームで、本名は橋本碩《ひろし》さんといい、麻布中理科学部の中心メンバーで北さんよりも3歳年長だ。

「僕はフクロウと知り合うまで、チョウの展翅《てんし》は知っていたんですけれど、甲虫類の展足の仕方は知らなかった。彼はそれを教えてくれて、志賀昆虫普及社も紹介してくれた。オオチャイロ(ハナムグリ）をもらってから、志賀昆虫（普及社）で標本のラベル作製機を購入し、コガネムシに関してはフクロウに褒められるくらいのコレクションになったんですよ」。

北さんはすっかり昆虫少年の顔になってそう話す。褒められて発奮するほどだから、北少年にとって上級生フクロウの存在の大きさがうかがえる。「思い出はいろいろとありますが、中学1年生の頃、フクロウと一緒に（山梨県の）笹子峠に行った。晩秋だったので、採集の面では、はじめから期待していなかったのですけれど、原っぱの一面にカンタンがたくさんいましてね。ルルルル…と、それはそれは美しく、鳴いていました。思えばこのとき、僕は初めて関東地方から外に出たのでした」。

フクロウに死ぬ前に会いたい

お会いしたいですか——。私が聞くと、「死ぬ前に会ってみたいですねぇ」と、北さんはしみじみとした口調でうなずいた。

「フクロウとは昭和25年頃、（東京の）青山で会ったきり、一度も会っていないんです」という。つまり、1950年以来、60年間も会っていないのだ。フクロウこと橋本さんはどこにいるのか。健在であれば、86歳になるはずだ。私はどうしても、北さんに橋本さんを会わせてあげたくなった。

「僕はこうして死ぬのを待つばかりの身なんですけれど、虫には本当に良い思いをさせてもらったと感謝しているんです。その大きなきっかけを作ってくれたのがフクロウでした」と北さん。

この日、私は北さん方を後にして、帰宅する電車の中で、お二人を会わせてあげるのが自分の使命であるようにさえ思い始めた。北さんに大いなる愉しみと勇気を与えてもらってきた、元昆虫少年の一ファンとして。

多くの虫屋にとって、北さんについては、それぞれの思い出があるだろう。例えば、栃木県職員の新部公亮さんは〈『どくとるマンボウ昆虫記』に出てくる虫たちを全部蒐《あつ》めて北さんに見てもらうこと〉が、小学6年の頃からの夢で、それを「どくとるマンボウ昆虫展」で実現させたのだった。新部さんと一緒に展示会を企画したドイツ文学者の岡田朝雄さんも、熱烈な愛読者で常々〈北さんへの恩返し〉と述べている。また、非政府間機関（NGO）「ペシャワール会」現地代表で医師の中村哲さんも北さんの大ファンで、九州大学医学部時代に精神科医を目指した理由について、〈〝どくとるマンボウ〟北杜夫さんの影響も大きくて、虫捕りができる時間が取れるのは精神科であろうと、漠然と思っていました〉（中村哲さん編）と語っている。虫屋の間では、すでに古典となった『どくとるマンボウ昆虫記』の記述を前提に、物を書いたり、会話したりすることもごく普通のことである。

新聞記者として憧れの北さんにインタビュー

不肖私も、北さんには特別な思いがある。1995年、『ハチの巣とり名人』という小説を書いて朝日新聞全国版2面の「ひと」欄に載り、それを目にした科学朝日副編集長（当時）でチョウ屋の柏原精一さんが、翌1996年出版の『昆虫少年記』（朝日新聞社）あとがきに、こう書いた。〈文学者としては、北杜夫さんというスーパースターがおられる。中学生のころ、『どくとるマン

『昆虫少年記』(朝日新聞社、1996年)あとがきで、北杜夫さんと学生時代の筆者(宮沢)が同じページに登場する

ボウ昆虫記』の読書感想文を書いた。自らの昆虫体験と重ね合わせながらの自信作だったが、先生からの評判はよくなかった。『蝶の島』の詩人・三木卓さんへのインタビューは、三木さんが体調を悪くされていた時期だったため断念した。舟橋聖一顕彰青年文学賞最優秀賞の宮沢輝夫さんは、昆虫少年の憧れる大学の一つである愛媛大学の学生というから、相当の猛者だろう。「100万円の賞金で、海外に昆虫採集に行く」という受賞の弁が気に入った〉——。

　各界の虫屋を紹介したこのあとがきでは、文学者の項で北杜夫さんが筆頭に挙げられていた。私は当時、この文章を読んで、北さんと同じページに自分の名前が出ていることにびっくりして感激した。まして十何年もの後、新聞記者として北さんにインタビューすることになるとは夢想だにしなかった。

御年80歳超の2人を早く会わせねば

どくとるマンボウこと北杜夫さんが恩人と話す、フクロウこと橋本碩《ひろし》さんの消息はいかに——。いろいろと手を尽くした結果、静岡大学教育学部教授を定年退職後、いまは名誉教授となり、自宅は神奈川県座間市であることがわかった。

「橋本です——」。受話器の向こうから聞こえる声は、若々しく張りがあった。ご子息が出てきたのかと思ったが、「私が橋本碩です」という。北さんのか細い声の記憶が新しいだけに、余計に意外な感があった。

「会いたいですね。木曜日以外ならばいつの曜日でも大丈夫です」と橋本さん。木曜日は長年パーキンソン病を患っている奥さんのために、ヘルパーが来宅する日とのことだった。

さっそく北さんに電話で連絡すると、「本来は僕のほうから会いに行くべきなんですけど、このヨボヨボの体だから…。でもお会いしたいですねぇ」という。

北さんと橋本さんは60年も会っていない。早く会わせないと、いつ、永遠の別れが来るかも分からない、不謹慎かも知れぬが、私はそう思った。北さんは「死ぬのを待つばかり」というのが口癖だし、橋本さんも声は元気だけれども、御年86歳だ。猛暑が予想される夏を前に、早く会わせてあげなければ二人とも万が一——。私は急いで段取りをつけ、北さんへのインタビュー取材から約1か月後の6月下旬、お二人は会うことになった。

フクロウはウミユスリカやクラゲを研究

橋本さんとの待ち合わせは小田急線の経堂駅。私は待ち合わせの時刻より20分ほど早く着いた。日曜日の昼前で、前夜に仕事で徹夜した頭を覚まそうと、近くのドラッグストアで栄養ドリンクを買い、改札口の前にあるベンチに腰を下ろした。一気にぐびぐびと飲み干して、ふと隣のベンチに座っている男性の胸元を見ると、名札が付いており、〈橋本碩〉と書かれていた。

「あっ！　フクロウ、いや、橋本先生ですか？」。私が尋ねると、「そうです、橋本です。今日はありがとうございます」。その声は電話で聞いた通り、若々しく張りがあった。86歳とは思えない。橋本さんは小一時間前に到着していたという。

この日は、「どくとるマンボウ昆虫展」を全国各地で巡回させている栃木県庁職員の新部公亮さんも日光市から上京し、同行することになっていた。新部さんいわく、橋本さんは北さんの著書でたびたび登場する〝伝説の人〟なので、ぜひ会ってみたいとのことだった。

3人がそろってからタクシーに乗り、北さんの家に向かう車中で聞いたところ、橋本さんは東京教育大学理学部付属臨海実験所（当時）で研究者としてスタートを切り、海に生息する数少ない昆虫であるウミユスリカの生態解明に取り組んだ。オスがメスの脱皮を手伝ってから交尾するという、奇妙な習性の種がいることを発見、世界で初めて発表した。静岡大学に移ってからは、主に淡水産の腔腸《こうちょう》動物を研究対象に選び、ユメノクラゲやホシノヒドラなど新種を複数発見したという。

「ようこそ、おいで下さいまして」。北さん宅に着くと、長女でエッセイストの由香さんがにこやかに出迎えてくれた。北さんはこの日も、数センチずつ歩を進めるようなおぼつかない足取りで、奥から現れた。その顔はちょっと緊張気味に見えた。——ついに、元昆虫少年師弟の60年ぶりの再会が実現したのだった。

昆虫少年の良き伝統が受け継がれる

北さん、橋本さんとも最初はぎこちない感じで、差し障りのない話をしていたが、私が橋本さんのニックネームの由来を改めて尋ねたところから、橋本さんは堰を切ったように語り始めた。

「当時は（東京・港区の）麻布にフクロウがいましてね、弟と二人で捕まえて、警察に飼育の許可をもらって、飼ったんです。それで、友人たちからフクロウというあだ名で呼ばれるようになったのです。宗吉が入学して、僕の家に遊びに来た頃には、すでに死んでしまっていたのですが、剥製にして玄関に飾っていました」。

橋本さんの話に、北さんは目を細めて、「そうでしたかねぇ」とうなずいた。

麻布にフクロウが生息する環境があったのは驚きだが、それを捕まえて飼う橋本兄弟もただ者でない。橋本さんの記憶力は素晴らしく、当時のままといった口調で、北さんはもっぱら聞き役に回っていた。

「宗吉が理科学部の博物班に顔を出して、初めて会ったのですが、この年に入部したのは宗吉だ

60年ぶりの再会を果たした北杜夫さん（右）と橋本碩さん（東京・世田谷の北さん方で）

け。その一級下の代はたくさん入ってきたのですけれどね」と橋本さん。

北さんがたびたび言及している、オオチャイロハナムグリをフクロウから気前よくもらった忘れがたい思い出。新部さんがこの件について、橋本さんに真相を尋ねた。

「オオチャイロ（ハナムグリ）は（山梨県の）本栖湖の湖畔の枯れ木の洞《ほら》で見つけて捕ったんですけれど、珍しい種ですから、僕以外に持っているやつはいないだろう、と思っていたんです。そうしたら、宗吉が1頭持っていたから、驚いたんですよ。甲虫をこんなに熱心に集めているなんて大したものだと関心して、オオチャイロ（ハナムグリ）をあげました。自分も持っていたのは1頭だけだから大事にしていましたけれど、宗吉ならばもっと大事にしてくれる、そう思ったんです」。

北さんが口を開いた。「僕も、理科学部の後輩が標本箱にあったミヤマカラスアゲハを見て、その美しさに驚いていたから、それならばどうぞと、あげたことがありましたねぇ」。昆虫少年の良き伝統は受け継がれたということだろう。

茂吉がラテン語の学名を声に出して読んだ

橋本さんは抜群の記憶力で、北さんがあまり覚えていないことも語った。北さんはそのたび、「僕はぼけてきているから、忘れてしまいましたねぇ」「そんなこともありましたかねぇ、思い出せないなぁ」などと、なんとも無念そうな表情を浮かべるのだった。

「（東京の）高尾山の小仏には、宗吉（当時2年生）と奥野建男君（同3年生、後に文芸評論家）、軍人になった泉さん（同4年生）と僕（同5年生）の4人で採集に行きました」と橋本さん。「そうそう、こんなこともありました。麻布中学の保護者会の時、理科学部で作品展を行ったんですが、部長の僕が一人で説明役を務めたんです。すると和服姿の茂吉がふらり、と展示を見に来たんですよ。茂吉は宗吉の標本を前にすると、身をかがめるようにしてのぞき込みましてね、一点一点の標本に貼られたラベルに記されたラテン語の学名を、声に出して読んだんです」。

北さんがうなずきながら口を開いた。「茂吉は医師でしたから、ラテン語を読むことはできたんです。でも、父が見に来ていたとはねぇ。この話は、きょう初めて知りましたよ」。

虫の情報交換で茂吉の住所印を借用

「宗吉からもらった便りです」。橋本さんが鞄からはがきの束を取り出した。北さんがかつて、3歳年長の橋本さんに送ったはがきだという。全部で24葉ある。その内容は昆虫に関することばかり。例えば、橋本さんが麻布中学から盛岡高等農林学校（当時）に進学して2年目の1943年5月24日消印のはがき。——

〈拝啓　其の後お変わりなくお過ごしの事と思います。麻布ですばらしい採集地を発見しました。即ち、有栖川公園のこちら側で学校の前の通りを左へ行った向かい側の樹木の茂った所でヘイを乗り越えて入るのですが、大抵人が居りません。又居てもずっと向こうの家ですから安心です。材木等置いてあり、一面草原で有栖川なんか問題になりません。クロマルハナバチに似たツマキモモブトハナアブ（加藤分類図鑑ニアリ）を採ったし、今までサン〴〵間違って居たシマアシブトハナアブも相当に居る。これは飛んでいる時でも明らかに区別できます。他のハナアブにくらべると早くてとりにくい。其の他ルリハナアブや面白いハリバエをとった。僕の友達は去年こゝでコカブトをとり又麻布の家で燈火にてタカサゴシロカミキリを得たソーです。又この地にはアカタテハの幼虫が何十何百とイラクサ？　にかくれ家を作って居ます。これから色々面白い虫がトレソーです。サヨナラ〉

また、1943年4月25日消印のはがき。——

〈○アゲハの蛹は本日（25日）まで一つもかえらない
○桜はモー散った
○セルロイドを食害する虫を発見。セルロイド製の小さなオモチャ（数年間使用せず）に数箇所食べた穴がある。ゼッタイにこわれたものでなく、虫のくった事は明らかなり。コー云う事は本当にあるでしょうか
○4月13日に有栖川へ行きオホヅクロハリバエをかなり採った。この種も眼の位置により♂♀の区別がはっきりします。同日ビロードツリアブの交尾してるのを見たが全然反対の向きをしていました。ヒラタアブでは♂がおんぶして居ます
○三年生が校庭で四月中旬テングチョウを得たソーです
○虫送れ　　サヨナラ〉
（※いずれも原文は旧字体）。

最後の〈虫送れ〉というのは関東にはいない岩手県などの珍しい昆虫を送れ、という意味だ。

北さんが出したはがきの差出人の欄には、東京・青山で茂吉が院長を務めていた、青山脳病院の住所印が捺《お》され、〈斎藤茂吉〉と書かれた〈茂吉〉の文字に二重線を引っ張って、手書きで〈宗吉〉と直されたものもあった。少年時代の北さんは茂吉の住所印を借用していたらしい。

「こんな手紙を出していたとはねぇ」。北さんは約70年ぶりに再会した自筆のはがきの一枚一枚を手に取りながら、感慨深げだ。「寝ても覚めても虫のことで頭がいっぱいだったんだねぇ、自分のことながら困ったもんだねぇ」。

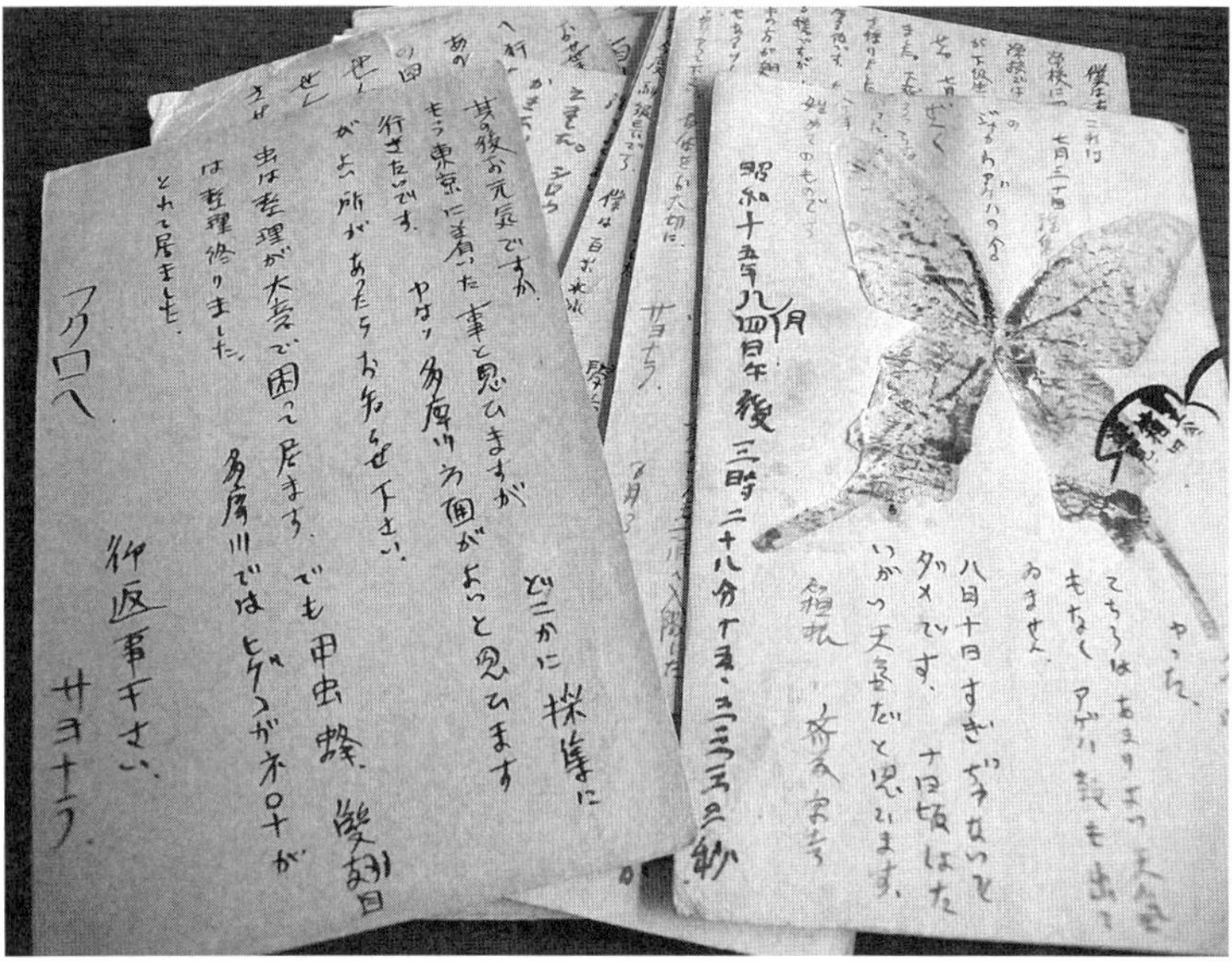

北杜夫さんが少年時代、橋本碩さんに送ったはがきの数々。左の一葉は〈フクロへ　御返事下さい〉と、返信を催促して結んでいる

終戦前後も昆虫採集で野山を闊歩

北さんは自嘲《じちょう》気味に語るが、宗吉少年の人並み外れた昆虫への情熱は、時を経て2010年3月、後世に残る貴重な資料として結実した。北さんが旧制松本高校に在学した、1945年から46年にかけて採集した昆虫の目録が、信州大学山岳科学総合研究所に贈呈されたのだ。収録数は約600種・1650個体に及ぶ。新部さんが、虫仲間で栃木県庁参事の高久健一さん、「とちぎ昆虫愛好会」会員の理学博士らの協力でまとめた。高久さんらは、北少年が70年近く前、採集品を包んだパラフィン紙の隅に書き残した、採集年月日・採集地を一つ一つ拾い上げ、パソコンで打ち込んでいったのだという。

「満足に食べ物もない時代に、我ながらよくも山を歩いて採集に励んだものと思いますねぇ。昆虫は宝石のような存在でした。僕にとって、虫を捕って蒐めることは、生きていることの証しだったのかも知れません。今からみますと、この狂的な熱中は、想像もできないことですけれどねぇ」。当時の自身について北さんはそう振り返る。

終戦前後、日本が存亡の危機にあった時代、捕虫網を手に闊歩《かっぽ》していたのは世間広しと言えども、北さんしかいない。当時の感覚からすれば、〝非国民〟以外の何者でもないが、結果として、信州の自然の変遷を知るために役立つ、かけがえのない資料となった。信大山岳科学総合研究所の鈴木啓助所長は、北さんへのお礼の文章で、〈上高地や軽井沢など信州各地でご採集された多岐に渡る多数の標本類やデータは大変貴重なもので、信州の生物相全般を明らかにする研究で有効に活用させていただきたい〉旨を述べている。

目録によれば、北さんは1945年7月25日から29日の4泊5日で、上高地に出かけ、多数のチョウ類を採集している。終戦の4日前、1945年8月11日には長野県内で、〈トラフカミキリ♂〉〈ミカドドロバチ本土亜種♀〉〈ミズアブ6♂♂〉などを採集している。〈2605年○月○日〉というふうに、皇紀で採集年月日を記しているのが、神国日本であった軍国主義時代を象徴するようで興味深い。終戦から2週間後の8月30日には、昆虫採集をさっそく再開しているのには、ただ驚くばかりだ。

「どくとるマンボウ昆虫記」の執筆を予告

それにしても、橋本さんは北さんからの便りを70年間もよくぞ保管していたものである。北さんは東京大空襲で、中学時代の標本とともに手紙類も失っていた。「僕は疎開した時、宗吉はじめ理科学部の後輩からもらったはがきをぜんぶ持って、引っ越しました。戦災でも、真っ先に持ち出したんですよ。今も、はがきはぜんぶ取ってあります」と橋本さん。

24葉のはがきの大半は太平洋戦争下、北さんが旧制麻布中学3年から4年時のものだ。〈大森の中央工業に勤労に行って居ます〉〈大抵銃をかついでかけさせられるのでやりきれません〉などと、戦時下の学徒らしい記述も一部には出てくるが、全体としてはいつの時代にも共通した昆虫少年の関心事――好採集地の発見や珍虫を捕ったとかの自慢話――ばかりがつづられている。研究者とも積極的に交流していたらしく、〈コガネムシ科十一種程、八幡（近藤）英夫さんに同定をお願いしました所、その御返事を得ましたからお知らせ致します〉という書き出しの便りには、種類が判明したコガネムシが列挙されている。

そんな中で、戦後15年経った1960年11月15日消印のはがきがあった。橋本さんが研究生活を送っていた、伊豆半島の東京教育大学理学部付属臨海実験所（当時）の住所にあてられていた。北さん32歳、橋本さん35歳の頃で、橋本さんが久しぶりに送った便りへの返信のようだ。北さんは仕事に追われて神経衰弱になったと書きつつも、〈この六月、沖縄へゆき、ツマベニやゴマダラをとらえました。シロウトむきの、シロウトのたのしいでたらめな虫の本をかきたいと思ってます。その折はいろいろ教えてください。フクロウにオオチャイロハナムグリをもらった日のことなどははっきり覚えています〉とつづっている。そして、〈奥野氏とはときどき一緒にのみます。ぼくも来年初メ、ケッコンなどします〉と結んでいる。

この便りを書いた1960年、北さんは水産庁調査船に乗り込んで世界を回遊したエッセー『どくとるマンボウ航海記』で、大ベストセラー作家となり、さらに芥川賞を受賞して、純文学の世界でも認知された年だ。超多忙であることが文面からひしひしと感じられる。

「このはがきの発掘は北さんの文学史上の大スクープですよ」。この日同席した新部さんが、興奮気味のうわずった声で言った。「〈奥野氏〉とは麻布中学理科学部の上級生だった文芸評論家の奥野建男氏（故人）のことです。〈虫の本〉とは言うまでもなく、翌年に出版する〝どくとるマンボウシリーズ〟第2作『どくとるマンボウ昆虫記』のことですね。現在では古典となった『昆虫記』の構想段階での意気込みがよく分かる、貴重な資料ですよ、この便りは――」。

フクロウはマンボウに負けず劣らずの〝偉人〟

「僕は今までの人生で退屈したことがないのです。毎日が愉しい。庭いじりをしていると、虫にたくさん会える。最近は、（南方系のチョウ）ツマグロヒョウモンが当たり前のように見られるようになったので、びっくりです。温暖化の影響も大なり小なりあるのでしょうが、僕らが子供の頃は関東で見られることはめったになかったチョウですから。毎日の買い出しでも、虫や植物などを観察しながら歩くので、発見があります。種類の分からない草があれば、戻ってから図鑑で調べて、知識が増えるわけですよ」。

張りのある声で一気に語った橋本さんに、北さんのリハビリに精を出している愛娘の由香さんが、健康の極意を尋ねた。いわく、「塩、砂糖、味噌、醤油などは一切使わない。だってね、野生動物は草食でも肉食でもそのまま、調味料は一切使わないで食べているし、傷や病気も自然と治している。それを見習って、僕はね、食事は1日1食で、朝はお茶だけで、夕飯に、調味料を使わないおかずだけを食べます。肉はほとんど食べませんが、鶏肉は好きなので、ゆでて何もつけないで食べます」。

橋本さんはこうした独特の食生活を30年以上続けているが、「家族は1日3食、普通に食べています。押しつけちゃ、気の毒だから」とのことだ。この日、北さん方でお昼にご馳走になった寿司も、橋本さんは醤油をつけず、ネタだけを口に運んでいた。

橋本さんの日課は、毎朝5時に起きて午前中は家事、午後は庭の草むしり、それからリュックサックを背負い、往復2時間歩いて買い出しに出る。「女房の介護が必要になる前までは、毎日6時間くらい、健康のために飲まず食わず休まずに歩いていました。水分を取らないので汗もかかないのです。夜は、湯船には入らず、体を洗ってタオルでふいて終わりですが、肌はツルツルなんです。もっとも、こんな健康法は世の中で僕だけでしょうから、人にはぜったい勧められませんがね、はっはっは…」。

橋本さんは午後7時の就寝前、声がしわがれないように30分ほど、童謡や歌謡曲を歌うのも日課で、寝床の奥さんに聞かせてあげる。「若者たち」「からたちの花」「この道」「千の風になって」などのほか、自作の歌50曲ほどもレパートリーにあるのだとか。

肩を抱き合って別れた往年の虫とり少年

「橋本さんはプロの昆虫学者になられたわけですが、もし、北さんが父上の茂吉から反対されず、昆虫学者になっていたとしたら、どれくらいのレベルに達したと思いますか」。新部さんがそう質問した。

「彼の人並み外れた集中力と探求心を考えれば、相当なところまでいったでしょうね」と、橋本さん。

「いえいえ、せいぜい並、でしょうねぇ」。まじめな表情で語る北さんに、新部さんがすかさず、『どくとるマンボウ昆虫記』はユーモアとウイットと、エスプリにあふれた文学作品で、昆虫学の入門書として最高の本ですよ」と語った。

さて、〈死ぬのを待つばかり〉が口癖の北さんの体力は、1時間半くらいしか持たない。長く話していると息が上がり、悲鳴を上げるほどに腰がいたくなってしまうのだ。

橋本さんは最後に「今日は久しぶりに君に会えて、心からうれしかった」、北さんも「死ぬ前にお目にかかれて、お礼を言えてほんとうに良かったです」と、それぞれ口にした。北さん方の庭先で別れる際、86歳と83歳になった永遠の昆虫少年師弟は、しばし肩を抱き合った。

◇

《追記》　北杜夫さんが2011年10月24日、逝去されました。新聞やテレビは全国のトップニュースで報じましたから、記憶に新しい方も多いと思います。私は9月20日、本書の出版に関する案内のチラシを北さんが滞在中だった軽井沢の別荘にお送りしました。2日後には北さんから返信があり、「本の出版の件、とても愉しみにしております」と、それまでも何度かやり取りさせていただいた便りと同様の少し震えた小さな文字で書かれていました。この本に目を通していただけなかったことはかえすがえすも残念なことでした。

あらためて、北さん編を読み返しますと、「どくとるマンボウが全国の虫屋に〝遺言〟」というタイトルに目がゆきます。ヨミウリ・オンラインの掲載時（2010年9〜10月）に私が付けたものですが、「間もなく僕は死ぬんです」と北さんが口癖のようにおっしゃっていたためこの文言が浮かびました。

私は北さん方で二度、お話をうかがいました。昆虫少年時代の年長の親友、フクロウこと橋本碩《ひろし》さんとの再会の希望を尋ねた時、「死ぬ前に会ってみたいですねぇ」と返事した北さんの深くしみいるような声が今も耳に残っています。連載後、北夫人の喜美子さんから、橋本さんが持参した約70年前のはがきについて、北さん自身が随筆などで改めて書きたい意向であることをうかがいました。それはかないませんでしたが、北さんは一葉、一葉をじっくりと読まれた後、どんな感想をお持ちになられたのでしょうか——。

この数年の北さんは虫屋として、かつての昆虫少年として復活されたことは間違いありません。「どくとるマンボウ昆虫展」の全国巡回や、北さんにちなんだ新種コガネムシ（学名ユーマラデラ・キタモリオイ、和名マンボウビロウドコガネ）が日本昆虫学会松本大会で発表されたことなど、北さんを慕う虫屋たちが、リタイア気味だった北さんを表舞台に引っぱり出した面があるからです。今回、上梓したこの小書が、往年の北さんファン、北さんを知らなかった若い世代にも、どくとるマンボウ最晩年の素顔を知っていただく機会になるとすれば心からうれしいです。

（2011年10月27日記）

11 脳科学者の原点“少年ゼフィリスト”だった頃

茂木健一郎

茂木健一郎（もぎ・けんいちろう）

1962年、東京生まれ。ソニーコンピュータサイエンス研究所シニアリサーチャー。慶応義塾大学大学院特任教授。NHK「プロフェッショナル　仕事の流儀」キャスター。東京大学理学部、法学部卒業後、同大学大学院理学系研究科物理学専攻課程修了。理学博士。理化学研究所、ケンブリッジ大学を経て現職。「クオリア」（脳が感じる質感）をキーワードとして脳と心の関係を研究するとともに、文芸評論、美術評論にも取り組む。『脳と仮想』で第4回小林秀雄賞、『今、ここからすべての場所へ』で第12回桑原武夫学芸賞を受賞。『脳とクオリア―なぜ脳に心が生まれるのか』『生きて死ぬ私』『心を生みだす脳のシステム』『スルメを見てイカがわかるか！』（共著・養老孟司）『クオリア降臨』『熱帯の夢』など著書多数。

特別に見せてもらった新種チョウ

1973年、熊本県の原生林で、シジミチョウの一種が発見された。翌74年の日本昆虫学会34回大会で、九州大学教授で昆虫学者の白水隆《しろうずたかし》(1917〜2004)氏が、新種チョウの発見経緯について講演した。このチョウは、翅《はね》を広げた大きさ2センチ足らずのゴイシツバメシジミ。翅の表面は黒褐色で、裏面は明るい白地に碁石のような文様を持つ。もはや日本では、チョウの新種発見はないだろうと言われていただけに、この話題は新聞各紙に載った。

白水さんの発表は、乱獲を防ぐためにゴイシツバメシジミの詳しい生態をふせる異例の形となった。が、この新種チョウの標本を、その発表前に白水さんから特別に見せてもらった幸運な昆虫少年が一人いた。当時、小学5年生だった脳科学者の茂木健一郎さんだ。

「幼稚園の頃から昆虫図鑑に夢中になり、白水先生が執筆された図鑑で育ったようなものですから、当時の僕からすれば、神様みたいな人です。大人になったいまだから分かることですが、夏休みに埼玉くんだりから来た小学生に、時間をつくって会ってくださるというのはご厚意そのものだったでしょう」。茂木さんは懐かしげに話す。「母が白水先生と手紙のやり取りをして、(福岡の)大学研究室にうかがうことになり、時間にしてたった20分だったけど、ゴイシツバメシジミを見せていただいたことは、生涯忘れられない」。

英国と並んでチョウの研究が最も進んでいる国、といわれる日本で、白水さんは戦後のチョウ界の先導者三人のうちの一人だった。ほか二人は、〈養老孟司編〉でも登場する磐瀬太郎（1906〜1970）氏、大図鑑をまとめた藤岡知夫さんらの師匠の林慶（1914〜1962）氏という在野の研究者で、いずれも早くに亡くなったため70年代以降の昆虫少年にとって、日本鱗翅《りんし》学会の会長を長く務めた白水さんは、いわば生きた伝説として存在した。

「標本はまだ展翅板《てんしばん》の上にありました。ゴイシツバメシジミの特徴は翅の裏面《りめん》の文様だけど、その特徴が分かるように、裏側を見せる形で展翅されていた。見たことのないチョウだったので、『これはなんですか？』と聞いたら、白水先生は九州の山の中で発見された新種のチョウで、まだマスコミにも発表していないんだけど、君に特別に見せてあげるよ、と」。茂木さんは九大研究室でのやりとりを振り返る。

「この時の経験は、いろんな意味でインパクトがありました。大学の研究の現場を初めて見たということや、白水先生の人柄に感銘を受けたということも。ほんと、先生はすごく愉しそうに話されるんですよね、にこにこ笑いながら。子供にはなかなか分かんないんですよね、こうして体験したことの意味の大きさを。それは、あとからだんだんと、分かってくるんですよ」。

アカシジミが乱舞の逸話は神話時代のよう

「最初に本格的にチョウの採集を始めたのは、まだ小学校に上がる前です。母が、近所に住んでいた伊藤さんという大学生のところに、入門させたんです。この方は八百屋の息子さんなんだけど、

九州大学教授で昆虫学者の白水隆さん。「白水先生は自身が一介の昆虫少年だった頃、かの有名な江崎悌三先生から一人前として対応してもらった記憶が強く残っていて、小学5年の茂木さんにも同志として接したのでしょう」（写真提供の矢田脩・九州大学名誉教授談）

大学農学部で昆虫学を専攻していて、ゼフィルスの採集によく連れて行ってもらいました。ある日、(昆虫用品製造販売の)志賀昆虫普及社で買った、継ぎ竿の捕虫網を持って出かけたんだけど、その帰り道で伊藤さんがふと、『ここは工場ができて雑木林はなくなってしまったけれど、何年か前はアカシジミが乱舞して、空が赤く染まるくらいだったんだよ』とつぶやいた。5歳の子供にとっては、その光景が神話時代のような世界に思えて、それと同時に痛切な喪失感も伴った。ゼフィルス用の長い捕虫網を担いで、懸命に走り回った記憶とともに、自分にとっては、原体験に近いものになっていますね」。

ゼフィルスは、森林に生息するシジミチョウ科のチョウで、日本には25種おり、幼虫の食樹《しょくじゅ》となるブナ科の樹木の小枝などに、卵を産み付ける。ZEPHYRUSという名称はギリシャ神話の西風の神に由来する。緑や青に輝く美麗種がまれでなく、ある種のロマンチシズムをかき立てることから、昆虫愛好家の間では独特な地位を占めていて、熱烈な愛好者はゼフィリストと呼ばれる。その意味で、茂木さんは〝少年ゼフィリスト〟とでもいうべき少年だった。

このゼフィルスをめぐっては、漫画家の故・手塚治虫氏に『ZEPHYRUS』という作品があり、写真集『ゼフィルス24』(大倉舜二著)や『ゼフィルスの森』(栗田貞多男著)、『世界のゼフィルス大図鑑』(小岩屋敏著)——が刊行されている。

「チョウの好きな少年って、普通はアゲハチョウから始めることが多いと思うんですけど、僕の場合はいきなりゼフィルスだった。例えば、ミドリシジミだったら夕方に飛ぶわけですよね。普通の虫好きな少年が家路につく頃だけれど、僕は森の中で、チョウの活動開始をじっと待っている。ただ無闇《むやみ》に探し歩いたり、網を振り回したりするのではなく、ゼフィルスのいろんな種の生態を念頭においた上で、採集する時間や場所や位置を考える。冬の雑木林でゼフィルスの卵を採るのも、毎年の恒例行事で、すごいわくわくする時間でしたね」。茂木さんは愉快そうに語る。「夕刻の森で飛び回るミドリシジミのメタリックな輝きは、日常生活ではなかなか見ることがないから、一気にゼフィルスの世界にのめり込みました」。

偶然の幸運との出会い：出発点はチョウ

茂木さんは、チョウを通じた得難い経験について「セレンディピティの典型」と語る。セレンディピティとは、「偶然の幸運に出会う能力」のことだ。

「自分が脳科学者になるまでの経緯を順に追っていくと、母から大学生チョウ屋の伊藤さんを紹介してもらい、チョウの研究に熱中するうちに自然全般へ関心が広がり、小学2年の時に磁石がくっつく不思議さに取り憑かれて、物理学に興味を持った。小学5年で白水先生から新種のチョウを見せていただく体験があり、小学6年の時にはアインシュタインの伝記を読んで感銘を受け、物理学者になることを決めました」と、茂木さんは振り返る。「その後も、東大の博士号取得の半月前になっても就職先が決まっていなかった時に、世界的な脳科学者の伊藤正男先生が、理化学研究所で脳科学研究センターを起ち上げるという情報を、指導教官の若林健之先生を通じて知り、脳科学に挑戦するきっかけとなった。こうして幾多のセレンディピティがあり、いまの自分があるわけです。

それをずーっとさかのぼれば、その起源は5歳の時から始めた、チョウの研究に行き着くんです」。

大学生レベルだった小学生チョウ屋時代

「チョウの採集では、360度あらゆる方向から飛んでくる可能性があるから、常に神経を研ぎ澄まして待つことになるわけです。後ろから飛んでくるかも知れないし、太陽の影で気づくこともあるし、来たらすぐに反応しなければならず、1秒でも遅れるとダメだから、瞬時の判断能力を求められる。チョウは種類によって飛び方が違いますから、そうした要素も加味する。網の扱いでも、花に止まっているのを左右のどちらから振るかとか、地面で吸水しているときにはどういう角度で振るかとか、パッと網を振って1発目で逃げられたときに2発目ではどう振るかとか。今から考えると、動体視力や、〝セレンディピティ〟で重要な周辺視野の使い方、兆候を見逃さない感覚が鍛えられる。僕は剣道はやったことないけど、チョウの採集は武道に通じるものがあるかもね。いずれにせよ、自然の中でチョウと触れあうことは、ものすごく脳のトレーニングになったことは間違いない」。

茂木さんはそう語り、コーヒーを一口飲んでから「少年時代のチョウの採集経験は、研究や執筆のネタを探すときにも役立っているんですよ。脳というのは面白くて、あることに使った回路をほかのものに転用できるようになっているから」と、付け加えた。

私が、茂木さんの話を聞きながら驚いたのは、茂木少年の早熟さだ。旺盛な知識欲と行動力は、大学生の熱心なチョウ屋のレベルと同等か、それ以上なのだ。チョウの世界への〝没入度〟は、本連載に登場した各界名うての虫屋の少年時代の中でも、一、二を争う。

「小学校に上がってから、日本鱗翅《りんし》学会に入会して機関誌に目を通し、上野の国立科学博物館などで開かれる関東支部の大会に、大人に交じって参加しました。京浜昆虫同好会が出していた、全国の採集地案内ってありましたよね、これはボロボロになるまで読んだな。（昆虫愛好家のミニコミ誌・木曜社発行の）『TSU・I・SO』も、（1975年復刊時）の創刊号から読んでたし。僕が育ったのは（漫画・アニメ）『クレヨンしんちゃん』の舞台である（埼玉の）春日部だけど、ゴマダラチョウをどうしても捕りたくて、近所の神社に1週間毎日、通い続けたこともあった。そんなふうに、地図でつぶしながら雑木林や野原なんかを、くまなく歩いて、市内に生息するチョウの種類はぜーんぶ把握した。もちろん、日本のチョウ全種（約250種）を見分けることは、早い時期からできるようになっていました」。

京浜昆虫同好会は1950〜70年代にかけて、解剖学者の養老孟司さんや大図鑑をまとめた藤岡知夫さん、昆虫写真家の海野和男さんのほか、NHKラジオ「夏休み子ども科学電話相談」の回答者を長年務める、昆虫学者の矢島稔さんらが主力として活躍した。

遠征採集、「迷蝶《めいちょう》」との出会い…

「小学5年の6月には、父親が担任の先生を説得してくれて学校を休み、父子で北海道に遠征採集したこともある。それからは一人でチョウの名産地への遠征もよくしたね。オオムサラキを目的に山梨の日野春に行ったり、この時はオオムサラキだけでなく、梢から（ゼフィルスの一種）ムモンアカシジミ――普通のアカシジミと違って桃色がかった独特の色なんだよね！――が飛び出してきたり、偶然にクロツバメシジミが捕れたりしたのも、忘れられない思い出だな。特急に乗って、千葉の清澄山にルーミスシジミを捕りにいったこともあった。クロシジミやキマダラルリツバメなんかもそうだったけど、期待を胸に遠征しても、捕れなかったことが数多くあったね」。茂木さんはちょっと悔しげな表情を浮かべた。

「小学校時代のチョウ屋生活の忘れられないハイライトは、（宮崎、鹿児島県境の）霧島・高千穂だった。昆虫関係の専門誌や文献には、高千穂について夢のようなことが書いてあるわけ。〈峰にはヒサマツミドリシジミなんかの珍種が吹き上げられ、タッパンルリシジミの採集例もある――〉とかって、さ」。茂木さんは一際大きな声で言った。「母の実家がある（福岡）小倉から高千穂峰に行った時は、ついに夢が実現したような感じだったんだけど、何も捕れなかった。ものすごく期待して捕れなかったというのは、いまだによく覚えているもんだねぇ」。

はしゃぐような笑顔の茂木さん。いよいよエンジンがかかり始め、約40年前のチョウをめぐる記憶をノンストップで語り続けた。「迷蝶にも興味がありましたね。春日部で関東にはいないはずのモンキアゲハが見られたときは、驚いたな。そうそう、一度、アオバセセリが現れたことがあって、その時は友達と3人で一緒に採集していたんだけど、『あ！　アオバセセリだ！』とか言って、三つの網がいっせいに激しく交錯して、すさまじかったなぁ、結局は逃げられちゃたけど。それと、（春と秋で模様や大きさが異なる）季節型、雌雄同体や翅《はね》の模様に変異が著しい異常型とか。ミズイロオナガシジミなんか、黒点や黒斑がいろいろだったりで変異が多いでしょう。そう言えば、キマダラヒカゲ！　だって、昆虫図鑑ではキマダラヒカゲは1種類だったのに、ヤマキマダラヒカゲとサトキマダラヒカゲの2種であることが分かったと、鱗翅学会で発表されて、ええって、びっくりしたよね。でも、僕が一番に興味を持っていたのは、チョウの生態だった。きっかけはゴイシシジミなんだけど、5歳から本格的にチョウを始めてから、ずーっと見たことがなくて、ところが小学校3年くらいの時に、突然ゴイシシジミが現れた。その時、伊藤さんが『ゴイシシジミは不思議なシジミチョウで、何年かごとにこうやって突然に姿を現すんだよ』とつぶやいた。（幼虫のエサとなるアブラムシがいる）ササやぶに、見たくても見られずにいたチョウが、当たり前のようにたくさん姿を見せたわけ。子供心にすごく神秘的な感じだったねぇ」。

茂木さんの口から、あふれるように出てくる数々のチョウたち。子供がえりならぬ〝昆虫少年がえり〟したかのような弁舌に、茂木さんの隣で同席した広報担当の中谷由里子さんは口をあんぐり。が、そんな周辺事態とは無関係に茂木さんは、アクセル全開でチョウ談議を加速させるのだった。

「宮沢さんって、山形県に住んでいたことあるんですよね…（山形を中心に生息する希少種ゼフィルスの）チョウセンアカシジミってすごく興味があるんですよ…人家の庭に生息しているって本当ですか…個体群がものすごく狭い範囲に孤立して、点々と生息しているということなのかな…見てみたいけどどこに行けばいいんですかね、いきなり探しても見つからないでしょ…飛び方は普通のアカシジミとは違うんですか…氷河時代の生き残りとか言われているでしょ…なるほど、アリとの共生的な生態はやはりあるんですね…歩き回りながら卵を産み付けるんですか⁉…（食樹の）デワノトネリコが一本あれば仮に都内でも累代飼育できるということなのかな…もしかしてアイランド・エフェクトみたいな現象か…不思議だなぁ、素数ゼミに似たところがあるのかねぇ…チョウセンアカシジミの数理モデルをつくってみたい…そもそもトネリコ林の伐採によって孤立したことが、原因なわけ？…チョウセンアカ（シジミ）はほんと、一度は見てみたいんだよねー……」。

人生の初講演は、小5で「チョウの研究発表」

茂木さんは本業である脳科学者としての論文執筆や、大学での講義はむろん、文学、美術、音楽など多方面にわたる連載や書き下ろし、NHK「プロフェッショナル　仕事の流儀」キャスターなどテレビ出演も多い。ツイッターや、毎朝の更新でアクセス数2万を超えるブログ「クオリア日記」、世界に発信している英文ブログ「The Qualia Journal」（クオリア日記と内容は別）の執筆も日々続けている。

体調を崩しても病院に行く暇もないが、自身の意向でマネジャーはおらず、ソニーの広報担当である滝沢富美男さんが基本的に対応するものの、私が茂木さんにインタビューした日は、新製品発表と重なったため、以前、広報を担当していた中谷由里子さんが同席。周囲の方にいろいろと聞いたところによれば、茂木さんは限りなく自由でいたいため、マネジャーを付けようとしないらしい。

こんな茂木さんは旅する人でもあり、取材や学会の出席などで毎月のように海外に渡航し、国内では各地の自治体、学校や企業などから招かれ、毎週一度はどこかで多種多様なテーマで、講演をする日々だ。

「人生で初めて講演したのは、小学5年の時にチョウの研究発表をしたことだったんです。たった10分でしたが、500人の全校生徒と先生の前で壇上に立った。蝶道などチョウの飛行、種類によって生息地がどう違うか、といった生態がテーマでね。最初は緊張したけど、すぐに専門用語を交えて、いっぱしの学者のようにしゃべったことを覚えています。いま、講演は好きな仕事の一つで、そのルーツをたどれば、小学5年の時の研究発表ということになる。ここでもやっぱりチョウとかかわりがあったのかと、あらためて実感するね」。

虫を詩的につづり、クオリアを表現

茂木さんの著作では、初期の頃から意外なほど昆虫（主にチョウ）が登場する。例えば、『生きて死ぬ私』（1998年）最終章の〈メスグロヒョウモンの日〉では、少年時代にヒョウモンチョウの一種メスグロヒョウモンの雌（藍と茶が混じった黒色をしている）と出会った、初夏の日の体験を描写する。そして、クオリア（脳が感じる質感）の説明へとつなげている。ツイッターやブログでも、チョウを比喩のように使って、自身の考え方を表現することがしばしばある。

私がこの原稿を書いている2010年12月4日、茂木さんは「道」についての連続ツイートの中で〈蝶は、緑のある場所だとゆったり飛ぶが、コンクリートや石だと速くなる。ぼくも、細い裏道はゆったり歩くが、大きな通りはせかせかと早足で歩く〉――とつぶやいている。また、近著の『今、ここからすべての場所へ』には、次のような胸を打つ詩的な文章がある。〈私は再び、明治神宮の森の中にいた。光りの川に沿って歩いていると、小さな蝶《ちょう》が飛び出した。それは、ムラサキシジミというとても美しい種類の蝶。裏は暗い模様をしているが、表に輝くばかりの紫色の斑紋がある。

この蝶が私の心の中で聖なる場所を占めているのは、遠い昔からの体験の積み重ねがあるから。子どもの頃、母親の実家がある小倉に毎年のように里帰りした。近くの森に入っていくと、関東では見られない蝶がたくさんいた。後ろバネに黄色い斑紋をつけたモンキアゲハや、白と赤の筋の入ったナガサキアゲハや。

小さな宝石のようなムラサキシジミは、私のお気に入りだった。見知らぬ森の中で、舞い踊る紫の点に向き合うと心が沸き立った。あの頃、「私」はこの世に産み落とされて間もなく、大いに沸騰していた。私の側頭葉に書き込まれたものはまだ少なく、世界から刺激を求めて動き回っていた。その頃は、ムラサキシジミを見ている自分の時間が、後に自分にとって聖なる体験へと変貌していくなど、夢にも思っていなかった。そこには、ただ、ごく普通の子どもの、ありきたりの夏休みがあるだけだった。〉(「聖なるものについて」から抜粋)。

こうした文章には挿絵や写真もないから、元昆虫少年や虫屋でない読者は、ムラサキシジミの姿や光景を思い浮かべるのは、簡単ではないかも知れない。虫屋は同様の光景を一度ならず、目撃しているものだけれど。それはともかく、筋金入りのチョウ屋だった茂木少年がその後も、チョウと

壇上でチョウの研究発表をする小学5年の茂木少年。校歌制定発表会（人口増加によって新設された小学校で、2年目に校歌ができた）の場で行われた（茂木健一郎さん提供）

茂木少年が小学６年の時にまとめたチョウ研究の発表ボード。「金賞」の札が付いている（茂木健一郎さん提供）

の幸福な関係をずっと保ちえたのかといえば、そうではない。むしろ、中学校に上がった頃からは、人知れず葛藤に苦しむようにさえなった。

「チョウを好きだなんていうと、変人扱いされるんじゃないかっていう気持ちが、いまも心のどこかにはあるんだよね。きっと、中学時代のトラウマを引きずっているのかも知れないな」。茂木さんは腕組みをして首を傾け、しみじみとした口調で言った。

昆虫採集をめぐる悲喜こもごも

茂木さんは、中学校に上がる頃、それまでのようにチョウをたくさん標本にする習慣がなくなった。胸部を押して殺し、三角紙で保管するチョウ採集のやり方に、罪悪感が芽生えたからだ。そのため、動いて翅《はね》が傷むこともやむを得ないと割り切って、三角紙にそのまま包んで〝自然死〟を待つようになった。ただ、チョウそのものの美しさや生態には、深い愛着を持ち続けていた。

中学3年の時、年に一度の文化祭で〈蝶の楽園〉と題した出し物をした。「生徒会長だった権限で、一つの教室を借り切って、虫仲間の友達と教室にチョウを放して、ユートピアのような空間を作ろうと思ったんです。当然にチョウの種類にもこだわり、シロチョウ類からアゲハ、セセリ、シジミチョウの仲間まで満遍なく採集して、虫かごに入れて生かしておきました」。

〈蝶の楽園〉で茂木少年は、ひそかに恋い焦がれていた女子生徒に手書きの招待状を出した。下駄箱にしのばせたのだから、ラブレターのようなものだ。しかし当日、チョウたちは想定したようには舞ってくれず、灯火に集まる蛾《が》のように教室の窓際に殺到して、バタバタと鱗粉《りんぷん》をまき散らした。この有り様を知ってか知らずか、憧れの女子生徒は姿を見せず、ほかの生徒や来客たちも〈何、これ?〉と、しらけた表情で教室をのぞくだけで立ち去った。

「冷静に考えてみれば、チョウが教室内を優雅に舞うことがないのは当たり前なんだけど、とにかく大失敗で、完全に当ては外れたね」と茂木さんは苦笑する。「こんな経験から、女の子に好かれるには、さわやかなスポーツ少年でなければだめなのかな、昆虫少年なんて気持ち悪いとみなされるのかな、と思った。それがいまだに、チョウが好きだなんていうと、変人扱いされるんじゃないかという意識に、つながっているんだろうねぇ」。

高校1年の時には、『赤毛のアン』をテーマにした懸賞論文に当選し、カナダの家庭にホームステイした。初めての外国で、「どんなチョウがいるのかとわくわくした」(茂木さん)。期待にたがわず、バンクーバーの公園で、日本では見たことのない文様を持つシロチョウの仲間を採集した時には、感激のあまり手が震えた。だが、語学研修の仲間と訪れたカナディアン・ロッキーで網を振るっていると、同じ一行にいた女子大生から「残酷!」と、周囲をはばからない声で批判された。「絶句して、反論する材料は頭の中に浮かんだのに、高校1年の口べたな僕は、それができなかった」。

その後、研究者になってブラジルの学会に参加した時、似たような状況を経験した。アマゾン川をボートで下り、フローティング・ハウス(水上に浮かぶ家)で親しくなったヨーロッパからの旅行者たちと談笑していると、アマゾンの美麗種チョウの代表格であるモルフォチョウに話題が移った。チョウ好きであることを明かした茂木さんはふと、ぜひ採集したい、と口にした。すると、一行の中でチョウの話題に無関心だった女性がにわかに反応し、感情むき出しの言葉で批判してきた。

大人になっていた茂木さんはこう反論した。〈チョウをはじめとする虫たちは森の果実と同様で、森さえ健全だったら、採集したって問題はない。むろん、絶滅の危機にある種類については、保護のために禁止するのは当然だろう。虫たちの数が減っているとしたら、それは開発などによる生息地の破壊が根本にあり、昆虫採集が理由ではない。そもそも、自然を保護すると言いながら、チョウのことを何も知らず興味もない人に説教されたくない!〉——。

自然を大切にする気持ちを育むツマキチョウ

「虫屋ってさぁ、もっと自分たちのことを主張したほうがいいんじゃないのかな」と茂木さんは独白するように言った。「昆虫に興味がない人たちにも、絶対に言いたいことは、例えば、翅《はね》の先がオレンジ色をしたツマキチョウというチョウがいるんですよ、このチョウを知れば人生は豊かになりますよ、ということです。ツマキチョウを見ないと、春が来た、という気持ちにならなくないですか? 桜が散る頃、このチョウが現れる時期は短く、はかないけれど、都内でもこんなきれいなスプリング・エフェメラルがいるのに、そのことを知らないのは損ですよね。子供たちだってツマキチョウを知れば、こういうチョウがいなくなったら悲しいから、自然や地球を大切にしようという気持ちが育まれますよ、きっと。世界平和に貢献すると思うんだけどな、虫屋って——」。

そんな茂木さんが、毎朝の日課にしているジョギングの最中に、独り愉しんでいることがある。少年時代には生息していなかった大陸系チョウのアカボシゴマダラや、その昔は当たり前のようにいたが、最近では少なくなったと感じているキタテハ（中型のチョウ）など、身近な虫たちを観察することだ。

「アカスジキンカメムシが発生する木があってね。このカメムシの成虫はとてもきれいだよね。若齢幼虫は鳥のフンみたいな姿に擬態しているんだけど、ほんと、かわいいんだよなぁ。あれ見ているだけで、幸せになるんですよね。でも、通りがかりのおばちゃんから『何、見てんの？』と聞かれて、『カメムシですよ』と返事すると、おばちゃんはびっくりした顔になってそそくさと立ち去るわけなんだけど、もしかして殺虫剤でも持ってくるつもりじゃないかと、心配になったりして…ね」。

憧れの学者とコスタリカで捕虫網を振るう

「久々の昆虫採集を満喫《まんきつ》し、熱帯の森の中でチョウを待っている濃密な時間に癒やされました。ましてや、昆虫少年だった頃から憧れていた日高敏隆先生と、11日間もご一緒できるとは夢のようでしたよ」。茂木さんは白い歯をみせた。

多方面にわたる才能で、日本一と称されるほど超多忙な茂木さんだが、2008年8月、集英社（東京）の企画で中米コスタリカを訪れ、国の許可を得て昆虫採集にいそしんだ。コスタリカの国土は日本の7分の1以下だが、チョウの種数は6倍以上の1400〜1500種に及ぶなど、生物多様性の宝庫として知られる。

京都大学名誉教授の日高さんは、もともと昆虫少年で、チョウが一定のルートを飛ぶ蝶道《ちょうどう》や配偶行動などの研究からスタートし、動物行動学を日本にいち早く広めた。日本昆虫学会や、チョウやガを研究する日本鱗翅《りんし》学会などの会長も歴任した。

「少年のような好奇心の塊、日高先生はそんな人です」。そう語る茂木さんは、小学校高学年から中学校にかけて、チョウの生態をテーマに日本学生科学賞などに参加した。その当時に出版された「日高先生の『蝶はなぜ飛ぶか』を読んで、動物行動学の面白さに目覚めました」（茂木さん）。

私は今回、茂木さんの母、勝子さんが九州大学教授の白水隆さんとやり取りした手紙を見せてもらった。チョウの研究をどのように継続すべきか、と助言を求めた勝子さんに、白水さんは具体的なテーマを挙げて丁寧に説明するとともに、『蝶はなぜ飛ぶか』の一読を勧めている。その助言に従って同書を読んだ茂木少年は、30年以上の時を経て、著者の日高さんと一緒にコスタリカで昆虫採集をしているのだから、すごい。まるで時空を越え、過去と現在が運命の糸でつながっているかのようではないか。

２００９年11月、日高さんは亡くなったため（法名は蝶道院釈真隆）、日高さんにとってコスタリカが最後の昆虫採集旅行となった。逝去後に刊行された日高さん著『世界をこんなふうに見てごらん』（集英社）の帯で、茂木さんは本連載に登場した分子生物学者の福岡伸一さんとともに、推薦の言葉をつづっている。

「コスタリカで日高先生は、僕が網を振っている様子を見て、虫屋ということが分かったらしい。

チョウを追ってモギケン走る、走る！　手前は、椅子に座ってモギケンを観察（!?）する日高敏隆さん（コスタリカ・モンテベルデで）
「茂木さんは、はぁはぁ言いながらも、超猛スピードでチョウを追いかけて、捕虫網を振って、逃した時なんかはチョウ好き昆虫少年そのまんまで、ほんまに悔しそうにしてはりました。その様子を見て一発で、小さい頃に網を振っていたことが分かりました」（写真提供の探検昆虫学者・西田賢司さん談）

コスタリカ大学に在籍する、探検昆虫学者の西田賢司さんからも、『茂木さんの振り方は素人でない』と言われました」。茂木さんはちょっと誇らしげに語った。「熱帯雨林の一つの典型といえるコスタリカの森には、ドクチョウとトンボマダラ（翅が透明なチョウ）の仲間が、それぞれたくさんいるんだけど、どれも同じに見えるんだよ。日本には存在しないチョウのカテゴリーが多くて、シジミタテハなんかも、捕まえてみないと種類が分からない。日本のチョウは飛んでいるのを見れば、ひと目で種類は分かるのにね。結局、熱帯のコスタリカでは温帯の日本で鍛えた〝蝶覚《ちょうかく》〟みたいなものが通じなかったわけで、これは衝撃だった。3日くらいしてようやく、ドクチョウのほうは〝厚化粧〟で、トンボマダラは〝薄化粧〟ということが分かってきた。西田さんから『その通りです』ってほめられたのは、うれしかったなぁ」。

チョウ研究と脳科学研究はつながっている

「昆虫に関しては、いまだに不思議に思う事って、ほんとにたくさんある。自宅の近くの植木屋でミカンの木を買ったら、アゲハ（チョウ）の幼虫が付いていて、『やったぁ、ラッキー』とうれしくなって、ベランダにそのまま置いておいたんですよ。しばらくしたら姿が見えなくなったんだけど、探したら10メートル近く離れたところで、蛹になっていた。同じような経験をした元昆虫少年は多いでしょうけど、日高先生のお話では、幼虫は蛹になるとき、余分な体液を体外に排出する必要があって、それで移動しながらずるずると水分を出している、という説が有力らしい」。

茂木さんは、好奇心いっぱいの目で語った。「チョウの行動に興味があるというのは脳科学と結びつく。僕は子供の頃、蝶道でチョウを待っていると、まったく同じラインを通って戻ってくることを不思議に感じた。なぜチョウは、ああいうふうに飛ぶのか。こんな問いはまさに、チョウの脳の問題、神経系の問題ですよね。そう考えると、いま、脳科学者として自分がやっていることと、少年時代にやっていたことはつながっているんです」。

そんな茂木さんが「心の師」と呼ぶのは、解剖学者の養老孟司さんだ。「読売新聞の書評で、養老先生が、僕の実質的なデビュー作『脳とクオリア―なぜ脳に心が生まれるのか』を取り上げてくれたことが、世の中に認知される大きなきっかけになった。最初にお会いしたとき、『初めて会う気がしないね』と言われたんだ」。

ゾウムシ好きとチョウ好きとでは世界観が異なる⁉

養老さんと茂木さんは互いに虫屋（養老さんはゾウムシ屋、茂木さんはチョウ屋）であるから、プライベートでも虫談議に花を咲かせる。2005年、芸術学者で東京芸術大学准教授の布施英利さんと一緒に、完成まもない神奈川・箱根の養老昆虫館を訪問した時には、手土産に汎用性の高いドイツ型標本箱（横50・縦41センチ）を二つ、「大きな羊羹《ようかん》を抱えるように」（茂木さん）持っていった。

「逃《のが》した虫や、見なかった虫の方が記憶に残りませんかと聞いたら、養老さんは『虫の断片を見つけたときの方が気になる。一体、こいつは生きていた時にどんな格好をしていたのだろかと、いろいろ考えてしまう』――そう言うんですね。養老さんは昆虫の形態について、尋常じゃない関心をみせる。僕は、〝形〟への執着はあまりなくて、蝶道や飛行など生態に関心がある」。茂木さんはなめらかな口調で語る。「採集法も、一頭ずつ狙うチョウと、叩き網で一網打尽にするゾウムシとでは全然違う。僕は5歳から始めたチョウ採集で、日本国内ならばそれが重要なチョウか、どこにでもいるチョウか、一目見れば瞬時に判断する癖がついている。後年に、世界にはいくつかの重要な法則があり、それさえ押さえておけばいい、という物理学の世界観に違和感なく入っていけたのは、このせいかも知れない。養老さんの方は、種数がチョウとは比較にならないほど多い、魑魅魍魎《ちみもうりょう》というべき甲虫の世界を相手にしてきたせいか、原理主義的な発想はない。少年期の昆虫採集と、大人になってからの世界観の志向性は、思わぬところでつながっているのかも。これは脳科学の視点からみても興味深いことだねぇ」――。

　茂木さんはインタビューが終わると、私と力強く握手してから、足元に無造作に置いていた愛用のバックパックを背負った。次の会合に向かうため、さっそうと扉の向こうに消えた後ろ姿は、体形こそドウガネブイブイのように丸みを帯びているものの、ハンミョウのようにすいーっと、音もなく移動し、もじゃもじゃの触角（＝アンテナ）を多数保有する、世界的に未知な甲虫のようだった。チョウではなく、甲虫に例えるのは、茂木さんには失礼かも知れないけれど。いや、世間ではそもそも、人を虫などに例えてはいけなかったか…。

第2章

昆虫少年の誕生と最期

手塚浩

兄テヅカヲサムシが見た風景

日本のストーリー漫画やアニメーションの先駆者であった手塚治虫（1928〜1989）氏。名著として名高かった昆虫図鑑『原色千種昆蟲図譜』（平山修次郎著・江崎悌三校閲）で、オサムシの存在を知った小学5年の手塚氏は、本名の治に〝虫〟の一文字を加えてペンネームとした。

手塚氏は天才的な少年だったが、神童が大人になって凡人になるケースとは無縁であった。大阪大学付属医学専門部在学中にプロのマンガ家となり、60年の生涯で700作品余を発表、うち約180作品に昆虫を登場させている。[※1] 逝去後、旧制北野中学1〜3年時の随筆や研究論文を自身で装幀した『昆虫つれづれ草』が見つかり、同名で刊行された。兵庫県宝塚市の市立手塚治虫記念館には、〝テヅカヲサムシ〟とラベルに記された昆虫標本23点や、弟の浩氏とともに足しげく通った宝塚昆虫館の館報を自身で装幀した私製本など、手塚氏の残した数々の遺品が収蔵され、天才ヲサムシの足跡を目の当たりにできる。

弟の浩氏（大阪市城東区在住）は、治虫氏とは2歳違いで妹が1人いる。兄とともに、昆虫少年として育った。大阪外国語大学イスパニア語学科卒業後、会社員の傍ら、チョウの地理的変異や個体変異の研究を続け、80歳を過ぎたいまも本州各地のほか、沖縄・八重山諸島に通い詰めている。2001年には、西表島で初記録となるシロモンクロシジミを採集（国内2例目）。昆虫愛好会「ゆずりはクラブ」、大阪昆虫同好会、緑蝶会に所属。現役のチョウ屋の立場で、虚実取り混ぜて伝えられている実兄の少年時代、とくに昆虫との関係を語ってもらった。

——手塚治虫さんと昆虫が深い関係にあることはよく知られています。弟の視点から、実相はどのようなものですか

わたしが宝塚で兄と過ごしたのは、兄がマンガ家として仕事場を東京に移した頃までの二十数年間です。第一の思い出に登場してくる兄は、ネットをたずさえて山野を駆け回り、昆虫採集に全力を投入していた姿であり、マンガの神様、手塚治虫先生ではありません。わたしのイメージの中で、兄と昆虫、とくにチョウとは切っても切り離せないものです。ただ、兄がマンガ家として独立してからは、互いの多忙さもあって、年に一度会うか会わないかという交流でした。とくに晩年は、その偉大さもあってわたしにとって兄は、別の世界に生きる客観的な存在になっていましたね。

——手塚兄弟が育った「宝塚」は、一般には宝塚歌劇団の本拠地としてのイメージがあります。昆虫少年にとってはどのような土地だったのでしょうか

最初にちょっとややこしいことを申しますが、いまの宝塚市とわれわれが育った時代の「宝塚」は、大きく異なります。昆虫を中心に語る上ではまず、このことを前提にしなければなりません。当時の「宝塚」というのは、国鉄（現ＪＲ）福知山線がその昔、阪鶴鉄道だった時代に設けた駅名に由来する通称で、武庫川両岸に温泉旅館や劇場、遊園地などが密集したかなり狭い範囲を指していたのです。わたくしどもの実家があったのは宝塚駅北側に位置する小浜村《こはまむら》の川面鍋野《かわものなべの》という土地です。

手塚浩さん。30種以上のチョウの食草・食樹が植えられた自宅庭で（大阪市城東区）

昆虫採集で歩き回った実際の場所は、ほとんどがこの土地の高台で、われわれ兄弟はその一帯を漠然と「宝塚」と呼んでいました。戦後の昭和26年（1951年）に宝塚町となり、昭和29年（1954年）に周辺の町村と合併して、ぐっと面積が広がった宝塚市となります。こうしたわけで、わたくしども兄弟がこの一帯で採集した標本のラベルの採集地名をすべて、「宝塚」と略称しているのは、いまとなっては誤解を招く恐れもあり、どちらかと言うと好ましくないんです。

――なるほど。当時の宝塚、ここでいうのは旧小浜村ですけれども、一帯の自然は当時と比較して変わったのでしょうか

兄が昆虫に熱中したのは、昭和14年（1939年）から、終戦の頃まででですが、当時はマンションもありませんし、そもそも人家が少なかった。わたくしどもが住んでいた宝塚駅の北側は中山山系になりますが、小高い丘陵地になっていて、雑木林あり、小川あり、池沼ありで、昆虫環境には恵まれていましたね。千吉《せんきち》稲荷という神社がある一帯が鎮守の森で、最も昆虫が豊富な場所でした。いまよりもずっと奥の方まで雑木林が続いておりまして、ミカン畑や栗畑もあり、ヒメジョオンが咲き乱れる場所には、吸蜜にくるチョウが群れていました。神社の境内には10本ほどのクヌギもあって、樹液が豊富に出る木では、カブトムシやミヤマクワガタ、ノコギリクワガタ、ヒラタクワガタのほか、カナブン類もたくさん捕れました。いまもクヌギはまだ何本か残っていて、樹液は出ていないようですけれども、当時の名残はあってうれしく感じます。

——最近（2010年3月）、千吉稲荷に「手塚治虫　昆虫採集の森」という記念碑が建ちましたね

地元に住んでいる方たちが動いてくれたもので、わたくしは直接にかかわってはいないのですが、本当にうれしいことだと思っています。住人の方々が昭和45年（1970年）頃から、千吉稲荷の改修や保全に努力されていることを承知していましたが、兄もわたしもそうしたことのお手伝いがまったくできず、引け目を感じてきたところです。今回の記念碑のことを天国の兄が知りましたら、過分に過ぎることとして面はゆく思うに違いありません。とはいえ、これを機に神社の参詣者が増えて、鎮守の森の環境に関心を持ってもらえれば、兄もきっとうれしく思うでしょうね。

——お兄さんが最も好きだった昆虫はなんでしたか

ペンネームからオサムシなど甲虫が好きだと思われがちですが、実際はそうでなかった。一番に好きだったのは、チョウです。彼には「ZEPHYRUS」※2という作品があるほどで、とりわけ能勢の一の鳥居（兵庫県川西市北部）で初めて捕ったウラジロミドリシジミをはじめ、宝塚で見つけたウラキンシジミなどのゼフィルスにのめり込んでいました。とくにウラジロ（ミドリシジミ）は、作品の中でも中心的に扱われているゼフィルスで、少年時代の経験が明白に反映されているのは間違いないでしょうね。

——昆虫採集の道具はどこで手に入れましたか

最初は母親が買ってきてくれたもので、（大阪駅近くの）阪急百貨店でしたね。まずは兄がそろえてもらって、わたしも欲しいと駄々をこねまして（笑）。当時は阪急百貨店の中に昆虫採集用具の売り場があって、母はそこで買ったのだと思います。この売り場では採集関係の道具だけでなく、昆※3虫手帳や国内外の珍品の標本も売っていて、兄はその中からチョウの標本をかなり手に入れていたようです。

——兄弟でほぼ一緒に昆虫採集を始めたということですか

きっかけは、兄が小学5年の初夏、担任の宮川文夫先生に連れられて、いまは老舗時計店で社長をしておられる、同級生の石原実さんと3人で、昆虫採集に出かけたのです。兄は帰宅してから、ヘラヘラチョウだといってコミスジを見せてくれました。ご存じの通り、コミスジはヘラヘラという表現が適当か分かりませんけれども、短い滑空を繰り返す、紙ヒコーキのような独特の飛び方をしますでしょう。兄は宮川先生にそう教わって、ヘラヘラチョウと呼んでいたようですが、ともかくそんなチョウや採集行の写真を見せられて、子供ながらに心底感動したわけなんです。それで、先ほどお話したように、採集用具——36センチのネットと三角缶、桐製の小型標本箱——を買ってもらったわけです。

——採集場所はどこでしたか

まずは宝塚の自宅の庭です。アゲハチョウ類の食草（幼虫が食べる植物）となる柑橘類やクスノキ、吸蜜源となる桜、そのほかにもアラカシ、モミノキやイヌビワなどがうっそうと茂って、スミナガシ、ムラサキシジミがふつうに飛んできました。カエデやユキヤナギにはミスジチョウやホシミスジがいつからか定住し、世代交代を繰り返すようにもなっていました。こういうわけで、庭に1日立っているだけで、いろんなチョウが捕れました。採集はこんなふうにはじまって、少しずつ行動範囲を広げていった、そんな感じでしたね。戦後、昭和23年（1948年）の春ですが、宝塚近隣の箕面山《※4みのお》で、ギフチョウの卵塊がついた食草のカンアオイを一株採取してきて、庭の片隅に移植したこともありました。ただ、飼育の知識もなにもない当時のことで、これは失敗に終わりましたけれど、虫屋としては強く記憶に残っている出来事ですね。

――兄弟そろって虫捕りに熱中したわけですね

ライバルそのものでした（笑）。兄も晩年、「昆虫採集でライバルは弟の浩だった」と、そう語っていたということを、兄の無二の虫友だった林久男さんから聞いたこともあります。兄と林さんは旧制北野中学1年の時に昆虫研究会を起ち上げた仲です。研究会の活動の一環みたいな形で、細密画の昆虫図譜をつくり、会誌のページを埋めるためにストーリー性の豊かなマンガを描きました。その頃の自宅でのエピソードを申しますと、兄は自宅の玄関の隅に捕虫網を隠して、学校から帰ると家には上がらず網を持ってソッと出て行くんです。弟に気づかれないように虫を捕ろうという魂胆なわけですが、ライバル心がそれだけあったということでしょうね。わたしも兄の行動が分かってから、同じように捕虫網をこっそり持ち出して、採集に出かけていました。帰宅した兄から逃してしまった虫の話を聞いて、次の日に真っ先にその場所に行って、兄が逃した虫を捕ってしまったこともあります。採集そのものは、弟のわたしのほうがうまかったんですよ（笑）。

——兄弟げんかはありましたか

ええ。採集地の縄張りをめぐってとっくみあいのケンカをしたことが何度もあります。兄は本気で悔しがって、端から見れば変わった兄弟ですね（笑）。わたしとしては、昆虫採集以外では兄には何をやってもかなわない、という気持ちがあったんです。同じように育ったはずなのに、兄は文字や絵を描けばとにかくうまいわけなんです、上手というよりも、線がきれいだったんですが、それもとてもじゃないけどマネできない感じでね。手塚家の子供はピアノを習っていたのですが、兄はピアノの上達は早いし、見事で、音楽の才能も飛び抜けていました。天性のものでしたね。なにより、子供の頃の兄に一番驚嘆したのは、想像力と創作力。きょうだいでマンガを一緒に描いて見せ合ったりすることが流行った時期がありまして、兄は絵だけでなく、ストーリーがずぬけていたんです、とにかく巧みで面白いんですよ。だから当時は、兄の描いたマンガを読むと、続きをすぐに読みたくなって、「早く次を描いてくれよ」とけしかけたほどでした。

——手塚治虫さんは、有望な若手のマンガ家らにムキだしのライバル心を燃やすほど負けず嫌いだった、というエピソードは有名です。昆虫採集でもそうだった？

ほんとにその通りで、負けず嫌い。本人も負けず嫌いとの自覚はあったようですが、時には度を越すほどだったかな（笑）。兄が残した標本の中にフタスジチョウがあったんです。ご存じの通り、フタスジチョウは岐阜以北のチョウですから、当時の兄が採集できるはずがないのに、本人が宝塚で採集した、というラベルが付いている。これはおそらく、兄が弟のわたしに誇示するために買ったか、もらったかした標本を、自分で採集したように見せたものでしょう。昆虫手帳にも、本来は生息していないチョウを見たとか、取り逃がしたとか、書いています。例えば、〈エルタテハ　1941年＝取リ逃ガシタガ、ソレカラハ見タコトガナイ。〉〈キベリタテハ　余ハ見ナイガ、余ノ友人ガ余ノ家ノ前デ見タトイハレタ。〉〈ギフテフ　宝塚ニハ稀デアル。〉〈ヤマキチョウ　稀〉—という具合で、いずれも宝塚周辺で生息していない種をこう書いています。まだ十代の少年ですから、同定の誤りもあったでしょうが、それだけでなく、空想やおふざけとして、「こういうのがいればいいなぁ」という思いで、あたかもそのチョウが実在したかのように書いたこともあったと思います。

——空想と現実がごっちゃになった？

ええ、こうなると、せっかく貴重な記録が含まれていても、全体として資料的な価値を大きく損ねることは、言うまでもありません。兄の死後、こうした形見の品々を見聞きした専門家から、学術的な視点から指摘を受けたことがあります。わたしもチョウ屋として、そうした人たちの意見はごもっともであると思うし、その点であえて兄を弁護する考えはありません。わたしたち虫屋はロマンチストではあるけれど、その一方で現実に向かっては厳しく冷徹な眼を失うことはなく、そこにある一つの規律のようなものを心得ています。多忙を極めていたとは言え、生涯虫を愛した兄が、本当の意味での虫屋になりきれなかったのは、すべての事象を冷徹な目で見極め、厳しい判断を下すことに耐えきれないような一面を持っていて、事次第では、夢や物語の世界を優先することもあったのではないか、とわたしは考えます。それが良かれ悪しかれ、若い頃からの治虫流の特徴の一つなんでしょうね。

――いまのお話を聞いて、お兄さんが残した講[※5]演録の文章を思い出しました。小学校の綴り方（作文）の時、文章をたくさん書かせる先生の課題に対処するために〈うそやフィクション〉を書くようになった、というものです。例えば、アリがカマキリに襲われて食べられた様子を、原稿用紙20～30枚に延々と書き、その中で〈アリが暑いなと思って頭を上げました〉と書いたら、先生から擬人化やうそはだめだと怒られた、そうです。あるいは、疲れていた母を無理に起こして、夜なべで靴下を繕《つくろ》ってもらったという内容の作文を書き、推薦されてラジオ放送までされたものもフィクションで、こちらも後からばれて怒られたというエピソードを語っています。事実を書く綴り方でなく、創作をしてしまっているわけですが、こうしたことのおかげで、後年のマンガ家としてストーリーテリングの力が身に着いた、とも語っています

なるほどねぇ、たしかにそうでしょうね。ただ、そこに書かれているようなエピソードをわたしは聞いたこともなかったし、初めて知ったことです。おそらく、そういうことなんでしょうねぇ。

――手塚兄弟の昆虫少年時代は、戦時中です。戦争の影響はどうでしたか

わたしが小学校に入ったのは日中戦争が始まった昭和12年（1937年）です。その後は〝紀元は2600年　あゝ一億の胸は鳴る〟―と歌われた、軍国主義の時代でね（笑）。奨励されていた昆虫採集が、次第にはばかられるような雰囲気に変わっていった。ところが、兄は1か月後に終戦を迎える時期、つまり昭和20年（1945年）の7月半ばまで、まだ昆虫採集をしていました。当時のことをよく覚えていますが、わたしはさすがにそんなことはできなかった。兄はすごい度胸の持ち主でしたね…というか、そこまで虫捕りが好きだったんですね（笑）。

――終戦間際まで捕虫網を手に闊歩《かっぽ》していたのは、戦後に交流のあった作家の北杜夫さんと一緒ですね。なんとも、大胆不敵です（笑）。手塚治虫さんの子供の頃は、いじめられっ子の弱虫だったということをご本人も語っておられますが、度胸はあった？

弱虫、いじめられっ子だったというのは間違いです。おっしゃる通り、兄は小学校の頃に級友から毎日のようにいじめられたと語ったり、書いたりしていますが、それは事実と違うんです。やせっぽちでスポーツは苦手でしたが、その他の面で有り余る才能を持っていましたから、人気者ではあったかも知れませんが、いじめられっ子では決してなかった。彼の一流のポーズでしょう。どういう理由か、おそらく兄自身の作品の主題を生み出す背景として合う、ということで、そういった物語を作り上げてしまったのか。あるいはある意味でナルシシズムと通じるかも知れませんが、気が強くて自信家の自分とは反対の像を作り上げてみたい、という気持ちがどこかにあったのではないか。彼はスピーチでも、思いつきでしゃべってしまうところが間違いなくあり、わたしも見聞きして、いいかげんなことを言っているなぁ、と感じたことが一度ならずあった。評判を気にする男ですから、好印象を与えたいと思って、取材した相手の立場やスピーチの場の雰囲気を瞬時に読み取って、それなりに無難な返答や態度を取っている面も、間違いなくあったでしょう。

——それでは治虫少年に弱点と呼べるものはありましたか

一つだけありました。痛いこと、自分の体を傷つけることに臆病で、血を見るのを極度に嫌いました。そのあたりは、弟の立場から見ても、なんでだろうと、不思議に思うほどでした。平山修次郎さんの『昆蟲図譜』の模写では、昆虫を描く際に必要な赤い色がないから、指先を切って血を使ったということになっていて、本人もそう語っていたようですが、事実ではないと思います。偶然、小さなケガで出血し、血が乾けばどんな色になるだろうという、そんな兄特有の好奇心はあったとしても、自分で自分の指を切って試すほどの勇気があったとは思えません。もっとも物語性はありますから、エピソードとしては面白いでしょうが…。

——宝塚新温泉の敷地内に宝塚昆虫館（1939～1968）があったわけですね。館報の発行人が、〝虫聖〟江崎悌三さんと北野中学時代に同級生だった、戸沢信義さん。執筆陣としては、江崎さんや『趣味の昆蟲採集』を著した加藤正世さんのような大御所から、若かりし日の白水隆さん（後に九大教授）や石原保さん（後に愛媛大教授）のような戦後に昆虫学者として大成する人、在野では鎌倉蝶話会を主宰した磐瀬太郎さんなど、じつに豪華で、全国的な影響がありました。今読んでも、高度な内容をかみ砕いて発表しているという意味でむちゃくちゃレベルが高い。お兄さまも館

報を装幀して私製本にするほど愛読したわけですね※6

昆虫館が付属していた宝塚遊園地の入場料金は、子供15銭でしたが、あんパンが5銭で買えた時代ですから、安くはない（笑）。兄はそこに足しげく通って、オサムシの収集家でもある学芸員の福《ふ》貴《き》正三さんから最新の昆虫の知識を仕入れたり、外国産の昆虫標本を見て想像を膨らませたりしたわけです。兄が小学6年の頃ですが、宝塚昆虫館で学生を対象にしたチョウの標本コンクールがありました。兄は母にねだって、大工さんに縦横60センチくらいの正方形の標本箱を特注していました。その中に沢山のチョウの標本を放射状にきれいに並べて、コンクールに出品したんです。絶対に一等賞を取ると意気込んでいたのが、結果的には二等賞でした。なぜ二等賞だったかというと、一等賞をもらった子は、チョウを種別に分類して標本を並べたものであったことに対し、兄の標本の並べ方は、分類学的視点を無視したものだったということ。そういう並べ方は学術的でないことを兄はもちろん理解していましたが、それには動機みたいなものがありましてね。当時、宝塚ホテルのロビーの白い壁に掲げられた特大の標本額に、国内外の美麗チョウがびっしりと、だけれど種類を無視して、色彩と大小、レイアウトだけに比重を置いて展示されていたのが大変に見事で、わたくしども兄弟にとって垂涎の的だったたんです。兄は標本を出品する際、あこがれだったその標本額のやり方を自分なりに再現してみたい、という無意識の願望があり、きっとそれがそうさせたのだと思います。彼は出品した標本箱に、だれかから買ったか、もらったかした台湾産のきらびやかなチョウを何頭か、さりげなく紛れ込ませていたことからも、間違いありません（笑）。いずれにしましても、いまからみますと身近に昆虫が豊産する自然があり、知識を仕入れる昆虫館があり、昆虫少年にとってはじつに恵まれた環境でしたね。

――戦後、お兄さんは昆虫採集そのものから遠ざかった?

戦時中の兄は寝ても覚めても昆虫、とりわけチョウのことを考えて、空想の世界に遊んだのです。わたしは兄のマンガの原点はこのあたりにもあるように考えています。ただ、戦後はマンガの制作に情熱を注ぎ、昆虫採集活動から事実上身を引いた形になりました。それでも多くの作品に昆虫を登場させて描くだけでなく、ごく私的にも昆虫に関する愛情は終生、持ち続けていました。昭和27年(1952年)7月13日のことです。兄がまだ東京のアパートに引っ越す前、仕事場としていた実家の2階の部屋に、オオムラサキが迷い込んできたことがあります。わたしは大学4年の夏休みで、家におりまして、大型のオオムラサキがバタバタと兄の部屋の窓際あたりを飛び回っていました。兄が窓を閉めてくれて、労せずしてゲットしたのですが、兄は「おれはもう、いらないから浩の方で好きにしてくれ」と。オオムラサキは当時、箕面山にはまれではなく、シーズン中であれば何頭かは捕れたのですが、部屋に飛び込んだ個体は新鮮で、大型のメスだったので、当時メスを持っていなかったわたしは喜んで標本にしました。この標本は、その後、コナムシやカツオブシムシにやられて翅《はね》の各所が食われて薄くなって、触角も無くなってしまったのですが、いまだにわたしの手元に健在です。大きさだけはわたしが持っているオオムラサキの標本の中で、いまもって随一ですね。

――浩さんがいまも、昆虫採集を熱心に続けていることをお兄さんはどうみるでしょうか

そうですねぇ。兄の中学時代の無二の親友で、わたしとは60年来の虫友でもある林久男さんは「治（虫）君には昆虫学者になってほしかった」と語っておられます。たしかに兄は、昆虫世界への熱情を死ぬまで持ち続けていたに違いない。60歳という短い生涯を閉じるに際し、兄の昆虫への想いはきっと、ライバルだった弟に託されたものと信じています。だからこそ、いまだにチョウを追い続ける、80歳のわたしがいるのでしょうね。この10年で、わたしなりの採集成果のトピックは（沖縄）西表島で初となるシロモンクロシジミを記録したことですが、その採集行に同行していたのが偶然にも、林さんでした。そんなこともあって、「そろそろ引退したらどうだ」という兄の勧告は、いまだにわたしには聞こえてこないのです。

（インタビュー　2010年11月7日）

◇

《追記》私は2011年7月中旬、浩さんと再会した。日本自然保護協会と読売新聞東京本社が毎夏企画している、環境教育プログラム「自然しらべ」の取材でのこと。自然しらべは各年でテーマがあり、今回は「チョウの分布　今・昔」。気候変動の影響をチョウの分布から解き明かそうという趣旨で、全国の市民からチョウの目撃情報を寄せてもらい、集計・分析する。記事では、治虫さんが戦前に採集したツマグロヒョウモンの標本を紹介し、当時の関西でまれだったこのチョウが、近年は関東まで分布を広げていることを説明した。標本は、浩さんが兄上の形見として所有し、数年前に宝塚市立手塚治虫記念館に寄贈したものだ。記事に添える写真は、記念館で浩さんが標本を手

にしているカットを使った。取材後、浩さんの車で、宝塚市御殿山の旧手塚邸一帯を案内してもらった。当時は畑ばかりだった丘陵地が、住宅密集地に変貌していた。浩さんは「あの屋根の向こうね、あそこでウラキンシジミが捕れまして…」などと説明してくれた。が、食樹や食草が生えていたであろう場所はことごとく宅地になっており、想像することは容易でない。それでも、現在は別の所有者が住む旧手塚邸の庭に、当時からあったクスノキの大木（アオスジアゲハの食樹）は健在で、唯一、往時をしのばせた。浩さんとともにしばし、黄緑色をした幼虫やサナギが潜んでいるであろう、青葉の茂った枝先を見上げた。

※1『手塚治虫の昆虫博覧会』（解説・小林準治　いそっぷ社）
※2ゼフィルスはギリシャ神話に登場する西風の神ゼピュロスに由来。ミドリシジミの仲間の総称で25種（手塚治虫氏の少年時代は21～22種）が知られる。作品「ZEPHYRUS」は『昆虫つれづれ草』（小学館文庫）所収。
※3昆虫手帳は阪急百貨店が製作・販売していた昆虫採集用の手帳。採集年月日・時刻・天候や採集地、種名・頭数―などを記載する欄が設けられており、昆虫少年から学者まで幅広く利用された。手塚治虫氏の手帳は宝塚市の手塚治虫記念館で常設展示。
※4箕面山は、旧制北野中学出身で宝塚昆虫館館長だった戸沢信義氏や九州大学教授で〝虫聖〟と呼ばれた江崎悌三氏らも通った昆虫採集の名所。
※5『ぼくのマンガ人生』（岩波新書）
※6手塚治虫氏は宝塚昆虫館の館報（創刊号～40号）をまとめて私製本に仕立てた。扉には治虫氏の最大の理解者であった母、文子さんの達筆な毛筆で、〈宝塚昆虫館報〉と記されている。２００４年、浩氏が宝塚市立手塚治虫記念館に寄贈した。

木下總一郎

虫屋の死に方

主《あるじ》なき、昆虫標本のゆくえは。戦後の昆虫趣味の全盛期に育った世代は、すでに60～80歳代。残された昆虫標本を廃棄物とせず、後世に何らかの形で残すのは虫屋の義務だ。が、口で言うほどに事態は単純ではなく、実行できている例は極めてまれである。理由としてしばしば挙げられるのが、日本の博物館や大学、その他の研究機関の収蔵能力の低さ（収容力・人員の不足、つまりは資金不足）がある。それ以上に問題なのは持ち主の準備不足、とくに残された家族や親族への説明不足がある。例えば、夫が死んだ後、残された妻子が、家庭を顧みずに昆虫趣味に熱中した亡き人を恨み、その形見である昆虫標本まで憎しと捨て去る――虫屋の間で自嘲《じちょう》気味に語られる小話。これは極端としても、それに近い例はまれでない。

自らがこの世を去った後のことを考え、十全の準備を行っている人もいる。そんな一人で、元高校教師の木下總一郎さんは、晩年のヘルマン・ヘッセが昆虫採集をしていた新事実を発掘した人物として知られる（→岡田朝雄編　P99）。私は、ヘッセの採集品（オーストリア産ベニヒカゲの一種）の取材を通じて木下さんを知ったが、岡田氏が木下さんの標本管理について「細心厳格」と称賛していたことから、ぜひ一度、在野の研究者の理想的なたたずまいについて聞いてみたかった。

木下總一郎（きのした・そういちろう）氏。1939年、大阪・摂津市生まれ。同志社大学英文学科卒業後、大阪府立高校の英語教諭となり、定年の2年前、58歳で希望退職。いまは昆虫趣味と有機農業にいそしむ日々を送る。クリスチャンで、日曜日は教会に通う。英語のほか、ラテン語、フランス語、ロシア語、ペルシャ語、ヘブライ語を学んだ。得意の語学を生かし、ヨーロッパの鱗《りん》翅類《しるい》愛好家と親しく交流。夜蛾《やが》のヒメリンゴケンモンなど新種を複数発見した。ヨーロッパ鱗翅学会で日本人初の会員。

――所有する標本の扱いについて遺言に託されたそうですね

5年前に書きました。長く交流のある大阪市立自然史博物館に寄贈する内容です。自分がこの世を去ったら、その日のうちに引き取ってもらう手配をしておりまして、遺言書は公証人役場で作成し、裁判所に預けてあります。

――〝その日のうち〟というのは急ですね（笑）

実はそこが、重要なんです。一周忌や三周忌になって、遺族が「さて、どこかに譲ろう」とする例が多いのですが、その間に、標本は使い物にならなくなってしまう。標本箱のふたを不用意に開けて、ヒョウホンムシなどの侵入やカビの発生を招くことが少なくないんです。標本の管理はちゃんとしているという遺族でも、よくある誤解ですが、パラゾール（防虫剤）を詰め込んでおけば食害するムシやカビの被害は防げると思っている。重要なことは、標本箱の中を乾燥した状態に保つことで、湿度を下げることが一番に肝要なのです。逆に言えば、乾燥さえしていればパラゾールは

木下總一郎さん。空調設備と地震対策も万全な自宅の標本室で（大阪・摂津市）

ほとんどいりません。簡単なことですが意外と知られていない。

――悲劇を引き起こさないためには、遺言を含めた事前の準備が重要なわけですね。私も著名な在野の研究者の家族が「本人の遺品だから」と手元において、結局、管理が行き届かず、標本をだめにしてしまった例を知っています。このケースは一度、遺族が地元の博物館に引き渡したのに、急に気持ちが変わって、取りやめになった末のことでした。故人の形見という意識が強かったようですが、悲劇以外のなにものでもないですね

悲劇ですし、それ以上に、採集した昆虫の命に対する義務、次の世代に対する義務、があると、私は思うんですよ。まして現代は、自然破壊と温暖、乾燥化によって昆虫は減少の一途をたどっています。こんな時代ですから、せっかく採集した標本は、その土地の生き証人として、後世に伝えるのが捕る者の責務だと思うのです。まあ、たいがいの人は心の中で、自分が死んだ後の準備をしなければと思っていても、自分だけはまだ死なないという気持ちがどこかにあるから（笑）、たいていは問題を先延ばしにするのでしょうかね。

――木下さんが問題を先延ばしせずに準備ができたのはなぜですか

性格的なものもあるんでしょうけど、病気をしたことが一番に大きいですね。小学生の頃、小児性の糖尿病を患いまして。もっとも、当時はそういう診断でなくて、虚弱体質の子供、ということでした。小学校3～4年の頃までは、糖尿病で体力を消耗して、しんどいから、学校はしょっちゅう休んでいました。友人らが、川や池で泳いでいても、自分は水に入れないから、川や池の周りにいる昆虫に目がいくようになって、昆虫採集をするようになったんです。その後は、病状は小康状態だったのですが、結婚後の26歳の時に症状が急激に出てきまして、いまも、インシュリンを1日4回打っています。この歳になると、例えばこれまで同窓会が5年に1回だったのが、この数年で亡くなる人が相次いで、間隔を短くしようと、3年に1回になった。同窓会は黙祷から始まるのですから、人は寿命がいつ尽きるか分からない（笑）。

――病気を通じて、死を直視するようになった？

そうですね。いつまで生きられるか分からない、明日にも死ぬかも知れない、という気持ちは若い頃から持っていました。それと、祖父が浄土真宗の僧侶で、私自身は大学時代に牧師から洗礼を受けてクリスチャンになった。物心ついた頃から青年期にかけて、宗教と接する機会が多かったことも、影響しているのかも知れない。もっとも、クリスチャンになったのは、神の存在を信じたというよりは、イエスがその生涯で難しい状況に直面した時、どのように判断したのか、ということなど、信仰よりも彼の考え方に興味を持ったのがきっかけでしたけど。

――日本で初めてヨーロッパ鱗翅学会（1977年創立）の会員になるなど、海外の研究者や愛好家と熱心に交流されています。きっかけは？

1980年8月に京都国際会議場で開かれた世界昆虫会議に出席した際、（イギリスの書店）E・

W・クラッセーの社長と知り合い、彼がイギリスの標本を送ってくれたんです。それがヨーロッパ産鱗翅類を集め始めたきっかけです。語学の知識を昆虫趣味に生かしたい、という気持ちも昆虫採集を再開した時からあったんですね。若い頃をちょっと振り返りますと、大学の4年間は語学に熱中した時代で、朝から晩まで語学の勉強ばかりしていました。その頃の同志社大学の先生は、イギリスやアメリカで住み込みの仕事をしながら、生の英語を覚えた人でね。授業はすべて英語だったので、最初は全く分からず苦労しましたが、1年の夏休みが終わった頃から、だんだんと理解できるようになりました。1日10時間、深夜の1時、2時頃まで勉強して、朝6時には家を出る生活でしたね。大学院では英語学専攻で、指導教官が退官したために1年間で退学したのですが、高校の英語教師になってからも、語学の勉強はずっと続けました。結局、10年間くらいは多言語の語学の習得に没入しまして、昆虫採集を再開した頃は30歳になっていました。

――昆虫採集のブランクは長かったわけですが、すぐに復帰できましたたか

再開のきっかけは自分の子供の虫捕りに付き合っているうちに、そう言えば自分も少年時代に熱中していたということを思い出したんですよ。まあ、昆虫採集に明け暮れて培った勘と経験は身体に染みついていて、すぐに復帰できました（笑）。チョウだけだと世界が狭いので、ガも始めましてね。語学の知識があることは、ヨーロッパのレピドプテリスト（鱗翅類愛好家）と、チョウ・ガの標本を交換するのに、たいへんに役に立ちました。フィンランドやロシア、ブルガリアといった日本では数が少ない産地の標本や文献も、手に入れることができた。とくに、ポーランド人のE・パリックさんとは30年を越える付き合いで、ドイツ型標本箱で150箱以上、3000頭ほどの標本を送ってもらいました。彼はポーランドの国立博物館で昆虫の同定や、展翅をするテクニシャンとして勤務していた人で、私よりは20歳ほどの年長者でね。ナチスの抵抗運動をして収容所に送られたが脱走して、フランスに逃げ、アルジェリア、それからイギリスに渡って、最後は英国海軍に入隊してナチスを攻撃したという、希有な経歴の人物です。昆虫とは直接関係はありませんが、こうしたいろんな背景を持つ欧州の人たちとの交流は、私の人生を豊かにしてくれました。

——貴重な標本もあると思いますが、いくつか挙げてもらえますか

ゴマシジミ※の仲間が中心で、*Maculinea teleius*（マクリネア・テレイウス）、*M.arion*（マクリネア・アリオン）、*M. alcon*（マクリネア・アルコン）、*M. nausithous*（マクリネア・ナウシトウス）などをもらうことができました。いずれも、現在では採集禁止になっている希少種です。そのほか、1914年、32年のベルリン産のオオベニシジミや、ベニヒカゲの仲間の*Erebia christi*（エレビア・クリスチ）など——これはドイツの愛好家からですが——を手に入れることができました。

——最近も採集はしていますか

この10年では、2000年にギリシャに近いブルガリアの山岳地で10日ほど、長年の友人であるブルガリア人のB・ベシュコフ博士と一緒に採集しました。ベシュコフさんは首都ソフィアにある国立自然史博物館の昆虫部主任です。

――それだけの採集品を整理するのは大変なことだと思います

標本の整理は採集よりもエネルギーを使います。私が所有する膨大なヨーロッパ産標本の中には、ドイツ語、ポーランド語、フランス語で、村や渓谷の名前しか書いていないようなラベルが、少なからずあります。一つ一つ拾って、現地の地図をもとに確認し、国名や県名などを書き加えておくことが、余生の仕事になってしまいました。この作業は、厳密にやらなければなりません。そうでなければ標本としての価値が損なわれます。こうした作業こそ、文学部出身の者に適している仕事なんです。同じ地名が複数あるときはかなり厄介ですが、場所が特定できた時は心底ほっとしますよ。自分の命がある間に仕上げなければなりませんけれど、90年代後半から始めたものの、あと10年はかかるかも知れず、ちょっとばかり焦りを感じているんですよ。

――そうした緻密な作業の中で、ヘルマン・ヘッセ採集の標本が見つかったわけですね。採集地の鑑定などが文学部出身者に適している仕事だとして、逆に適していない仕事はありますか

昆虫学に関して専門的な教育を受けていない、一介のアマチュアに過ぎません、私は。分類学のような体系については、分を越えた発言をすべきでないと考えています。厳密な意味で学術的な部分については、専門家の意見に従えばよいのであってね。ただ、プロの学者の意見が分かれたり、矛盾が露呈されたりすると、われわれは困惑するわけです（笑）。

――ご自身の標本管理は理想的と思いますか

私のやり方がベストというつもりはありません。ただ、採集品を世の役に立つ形で残すのは、虫屋の地位を高めることになると思うんです。最初に申しましたように、昆虫の命に対する義務、次の世代に対する義務、がわれわれ虫屋にはある。こうした意識と責任感を持つのは当たり前である、と考えます。一人でも多くの理解者が増えてほしいですね。

※ゴマシジミ　翅《はね》に胡麻のような模様を持つシジミチョウの仲間。幼虫時代はアリの巣の中で過ごし、アリの幼虫やサナギを食べて育つ。なぜ、アリに襲われないかなど生態は未解明の部分も多い。生息地の開発などで世界的に減少傾向にあるとされる。

（インタビュー　２０１０年11月６日）

虫屋小史——明治・大正・昭和

ない。いくら探しても見つからない。昆虫図鑑がない。通訳の詹《せん》洪さんにあらかじめ、この国の昆虫事情を聞いていたので、さほど驚かなかったものの、ここまでないとは——。ようやく一冊、探し当てたのは、チョウの原色図鑑でした。生物関連の書棚の一番下の段に、タテに並べるのでなく、ヨコに置かれています。大きさ（縦40チセン、横30チセン）からして、入りきらないので取りあえず置かれ、そのまま忘れられたような印象で、本を覆ったパラフィン紙にホコリがかぶっていました。

COP10（生物多様性条約第10回締約国会議）をテーマにした連載の取材で、2010年4月半ば、中国陝西《せんせい》省を訪れました。内蒙古に近い山間部にある薬用植物の栽培地や、研究者の取材が目的です。3泊4日の日程の最終日、飛行機の出発までに空いた時間で、北京市内で最大手という書店を見て回りました。立派なビルで、各階ごとに書籍が分類され、敷地面積もあり、日本の大型書店となんら変わりません。

私は国内外の旅先では、すきま時間に昆虫図鑑を探すのが習慣です。図鑑は重いので何冊も買うことはできませんが、書店に並ぶ昆虫図鑑の多寡で、その国の昆虫趣味の浸透度が推し量れるのでした。中国では2008年に北京五輪が開催され、東京五輪（1964年）前後の日本もかくあったのではという高揚感が漂っており、昆虫図鑑の刊行にも反映されているはずと淡い期待を持ちました。が、それは片思いでありました。

昆虫図鑑。虫屋に共通するのは、幼少期に影響を受けた昆虫図鑑の存在です。私は各界虫屋へのインタビューで、図鑑の存在なくして、昆虫少年の誕生もあり得ない、との結論を得ました。手塚治虫氏や仏文学者の奥本大三郎氏（→奥本編　Ｐ50）のように、思い高じて、図鑑の著者に会いに行った例もまれではありません（手塚少年が戦時中、平山修次郎氏に会いたい一心で宝塚から上京、ふんどし一つの格好で畑仕事をしていた平山氏を遠くから拝んで帰ったエピソードは有名）。昆虫少年とは例外なく図鑑少年でもあるのです。

日本の図鑑の特徴は、それがアマチュアの手によって作られた歴史を持つ、ということです。ここでいうアマチュアとは、大学や研究機関で昆虫を研究しているわけでなく、別に職業を持っている人のことを指します。たとえば、平山修次郎（１８８９～１９５４）氏。氏は、もともとは三省堂（東京）にあった昆虫標本販売部門の担当者でした。独立した後、代表作『日本原色千種昆蟲図譜』（１９３３年）を出版し、前例のない高品質のカラー図鑑として好評を得ます。『昆蟲図譜』では、校閲者として北海道大学の松村松年《まつむらしょうねん》博士の名があり、平山・松村コンビは4年後の１９３７年、『原色千種続昆蟲図譜』を出版し、こちらも版を重ねます（→北杜夫編　Ｐ１７０）。私の手元には古書店で購入した各一冊がありますが、図版は昭和一けた台のものと思えぬ見事さだし、なにより片手で楽に持てるサイズ（縦19センチ弱、横13・5センチ）なのが好印象です。当時の昆虫少年にとって、文字通りの枕頭《ちんとう》の書や座右の書となったであろうことはうなずけます。

『昆蟲図譜』に続く昆虫図鑑のベストセラーは、横山光夫著『日本原色蝶類図鑑』（保育社）となります。こちらの校閲者は〝虫聖〟江崎悌三《えさきていぞう》博士で、発行は1954年。著名人の虫屋のうち、80歳前後（北杜夫氏、手塚治虫氏ら）は『昆蟲図譜』で育った世代、65歳前後（奥本氏、中村哲氏ら）は『横山図鑑』で育った世代です。前者は、大切な標本が空襲によって灰燼《かいじん》に帰すような軍国主義の時代を過ごした戦中派で、後者は平和憲法・民主主義教育で育った戦後派に分けられます。ただ、昆虫少年の世界にかぎってみると、その行動様式や思考回路は戦中派も戦後派もほとんど変わらないのでした（私は各界の虫屋へのインタビューで、この現象もまた新鮮な驚きの一つであり、とても印象に残りました）。

さて、『横山図鑑』の次の世代、高度成長期以降の虫屋（福岡伸一氏、茂木健一郎氏ら）になると、『世界の蝶』（黒沢良彦・中原和郎共著　1958年　北隆館。↓福岡伸一編　P158）や白水隆・九州大学教授監修『原色日本蝶類図鑑　全改訂版』（1976年　保育社。↓中村哲編　P111、↓茂木健一郎編　P195）など、昆虫図鑑はバラエティに富み始めます。松香《まつか》宏隆さんや栗林慧さん、続いて海野和男さんや今森光彦さんなど〝昆虫写真家〟の肩書で活動する写真家が、台頭し始めた時代でもありました。

例えば、『フィールド図鑑　チョウ』（1984年、東海大学出版会）は、動物行動学者の日高敏隆氏が監修し、NPO法人日本チョウ類保全協会代表理事で、当時京都大大学院生だった藤井恒氏が解説（一部の写真も）、海野、今森両氏が撮影を担当するという、いまとなっては不可能とも思われるようなコラボレーションが実現しています。この図鑑では、各チョウの特徴的な飛び方の軌道を、生態写真の上に線で描くという珍しい試みが、目を引きます（収録されている写真自体は、資

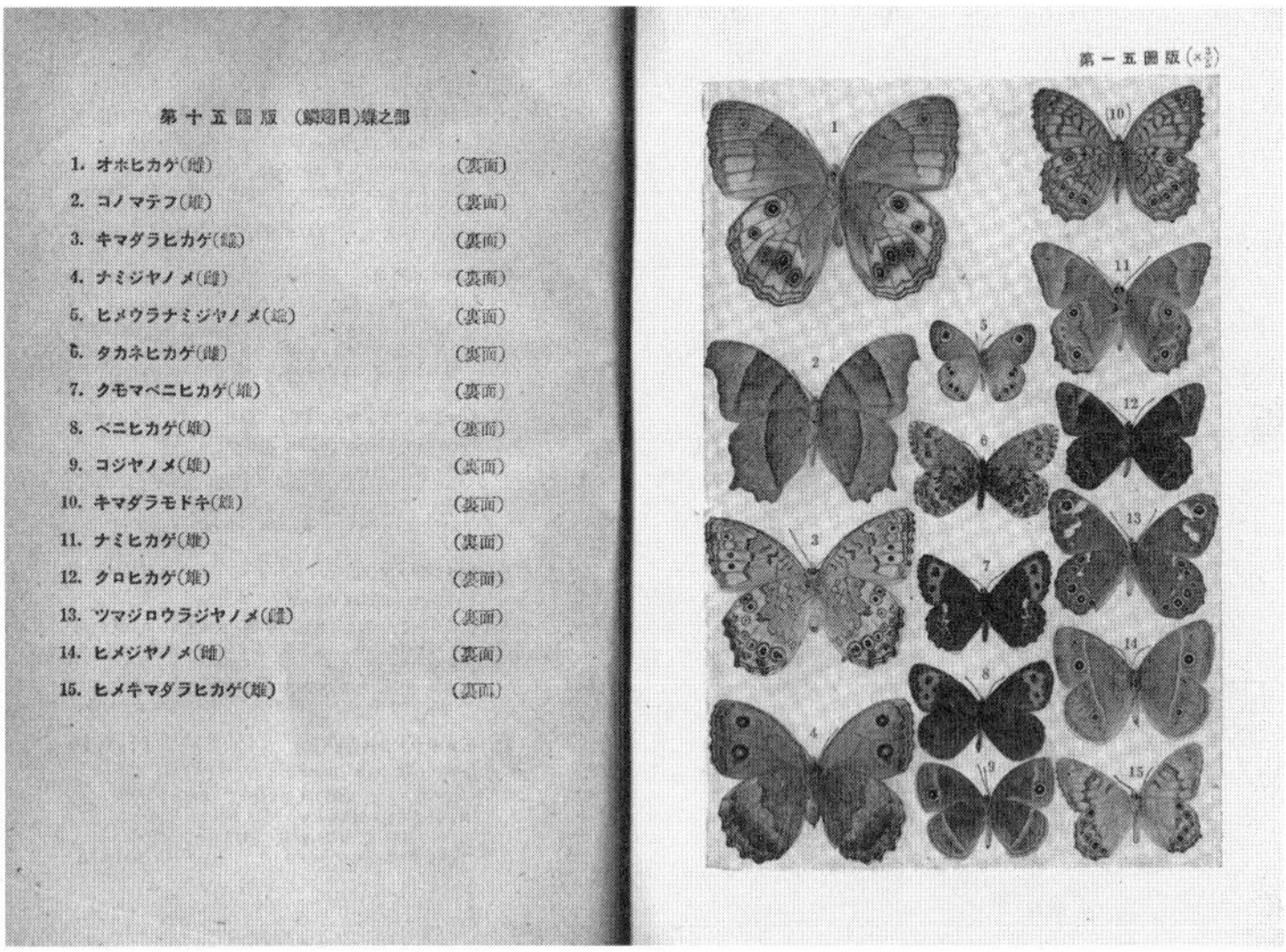

『日本原色　千種昆蟲図譜』(1942年11月20日発行・第45版)。宮沢所有。中央列の真ん中のチョウ（7）が、高野鷹蔵氏に由来する「*Erebia ligea takanonis* Matsumura」と亜種小名が付けられた高山蝶クモマベニヒカゲ

料的な性格が強いせいか、必ずしもレベルの高いものばかりではない、気がしますけれど…）。

ところで、図鑑で昆虫を見てしまったら、実際に昆虫を観《み》る感動がそがれてしまうのでは、と思うかも知れません。が、事実は逆であって、図鑑でその姿を知ってあこがれた虫が、目の前で動いているのを観たとき、感動は何倍にもなるのです。私は3歳で図鑑少年になってから三十数年後の現在まで、何度もそうした至福を味わっています。

「本当に虫を愛する人種は日本人と古代ギリシア人だけである」（小泉八雲＝ラフカディオ・ハーン）。これが本当かどうかは定かでないものの、日本が世界で指折りの昆虫図鑑大国であることは間違いないでしょう。海外の図鑑事情に詳しい、外国文学者らの虫屋諸氏に聞いても口をそろえます。現在も、いろいろな出版社から毎年のように、図鑑は途切れることなく出ています。この10年ほどでは、『日本原色カメムシ図鑑』第2巻（2001年、全国農村教育協会）が記憶に新しい。そもそも第1巻は白眉《はくび》というべき出来で、害虫・臭い虫としてゴキブリ、ハエと並んで忌み嫌われる昆虫の筆頭であったカメムシに、実は美しい種が多くあるということを知らしめ（あるいは再認識させ）た、功績は絶大です。図鑑の各所に差し込まれたエッセーからは、共著者たちのカメムシに対する愛情過多ぶり、がうかがえてほほ笑ましい。こうしたマニアな図鑑が広く流通するのは、虫屋大国ニッポンの面目躍如といったところでしょう。私も大学時代にこの図鑑と出会い、アカスジキンカメムシ（→茂木健一郎編　P211）やニシキキンカメムシの美しさに瞠目《どうもく》させられた一人です。

昭和一けた台に誕生した昆虫少年

ところで、昆虫少年は、いつから存在していたのでしょうか。日本における昆虫趣味は明治時代、軽井沢や日光などの避暑地に滞在した外国人や、華族など当時の上流階級に起源をもちます。『ロリータ』で知られるウラジミール・ナボコフが帝政ロシアの貴族階級出身であったことなど海外の昆虫愛好家と同様です。ナボコフは江崎悌三氏と同じ1899年生まれで、文学者であると同時に鱗翅類の研究者でもありました。

その後、社会的背景として大正デモクラシーがあり、初邦訳された『昆虫記』(1922年)など〝ファーブルもの〟が相次いで世に出て、昆虫趣味の大衆化がじわじわと着実に進みます。昭和一けた台には、『昆蟲図譜』や加藤正世著『趣味の昆蟲採集』(1930年)の出版、江崎氏が主宰した同好会誌『Zephyrus』(1929年)をはじめ50種以上の同好会誌や学会誌が創刊され、昆虫用品製造販売「志賀昆虫普及社」が東京・渋谷に開業(1931年)——など、昆虫少年誕生への土壌が一気に整います。こうしてみれば昆虫少年は、昭和初期に一般化し始めたとみていいでしょう。

それでは、明治、大正時代、虫好きの若者たちの実態は、どのようなものであったか。

〈此処にミチオシエの一種あり、ミヤマハンミョウといい美ならざれども珍奇の種というべし…〉〈原にはハッチョウトンボ(*Nannophya pygmaea* Ramb.)多く、別にイトトンボの一種あり…〉(武田久吉著『尾瀬紀行』から抜粋。原文は旧字体)。

♪夏が来れば思い出す――の唱歌で知られる、尾瀬。尾瀬が日光国立公園から独立し、単独の国立公園になったのは2006年。私は当時、この自然保護運動の発祥地を隅から隅まで取材しました。尾瀬が広く知られるようになったのは、高山植物学者の武田久吉《ひさよし》（1883〜1972）氏が1906年、自身が発起人の一人となり前年に結成した山岳会（現、日本山岳会）の機関誌『山岳』（第一年第一号）に、『尾瀬紀行』を発表してからです。

武田氏は東京外国語学校在学中の1905年7月6日から5日間、栃木・日光湯元から金精峠を経て、群馬・片品村から尾瀬に初入山し、尾瀬ヶ原、尾瀬沼を悪戦苦闘しながら巡りました。植物の探索が主な目的でしたが、昆虫にも深い関心を抱き、紀行ではその一端がつづられています。明治時代、昆虫趣味は、植物趣味とともに、博物学に内包されていました。

私は武田氏の尾瀬初入山から101年目の2006年初夏、武田氏の弟子で、尾瀬の自然を守る会初代代表の内海広重さん（故人）とともに、武田氏の初入山ルートを延べ10日間かけて、たどりました。尾瀬ヶ原には、武田氏が当時、オクヤマトンボと名付けたカオジロトンボや、前掲のハッチョウトンボが生息する一方で、金精峠で観たというミヤマハンミョウはその生息雰囲気さえありませんでした。峠の一帯は、当時の記述とは植生が大きく変わっていましたから、昆虫層にもこの一世紀の間に変化があったことでしょう。

戦後、尾瀬の周辺（群馬県片品村、福島県檜枝岐村）はホソコバネカミキリ（ハチに擬態したカミキリムシ）やヒメオオクワガタ（昼行性のクワガタムシ）など甲虫類の一大産地として、有名になりますが、解剖学者の養老孟司さんは、武田氏の初入山から半世紀ほどを経た1950年代半ば、

晩年の武田久吉氏。『一外交官の見た明治維新』を著したアーネスト・サトウの次男。1949年に結成した尾瀬保存期成同盟は日本の自然保護運動の嚆矢となった（写真は武田氏の次女、林静枝さん提供）

尾瀬周辺で昆虫採集をしています。私はこの時の採集行に同行した、養老さんの幼なじみである山崎和男・広島大学名誉教授から、金精峠などで撮った記念写真を見せてもらいました。その一葉、一葉を眺めていると、虫好き学徒の連綿たる〝無意識のつながり〟を感じずにはいられませんでした。

武田氏は東京府立一中在学中だった1901年、後の日本山岳会の母体となる、日本博物学同志会を組織します。会誌『博物之友』は昆虫に関する新知見もたびたび掲載され、武田氏も自身が見つけたトンボをオクヤマトンボと和名を付けて発表しています。また、志賀昆虫普及社の初代、志賀夘助社長（故人）は昭和初期に独立を目指した折、常連客だった府立一中の生徒が貸店舗を見つけてくれた逸話を述べており、明治、大正を経て昭和に入ってからも、府立一中には虫好きの伝統が脈々と受け継がれていたようです。

さて、武田氏の親友で、日本山岳会の発起人となった高野鷹蔵《たかぞう》（1884〜1964）氏は高山蝶の一種タカネヒカゲの発見者として有名です。キマダラルリツバメの種小名やクマモベニヒカゲの亜種小名にもその名があり、高野氏はいまでいう、チョウ屋（虫屋の中でとくにチョウが好きな人）の走りと言えましょう。後年、昆虫の世界から離れ、カナリアの研究で多くの著書や論文を発表、愛玩鳥類の専門家に転身しました。現在、山階鳥類研究所（千葉・我孫子）には、高野鷹蔵記念文庫があります。

明治の当時、武田、高野両氏は博物学を愛好する学徒であり、日本の登山家の先駆的地位にありました。また、日露戦争のまっただ中にあって、尾瀬を探検することや、昆虫、植物の探求に没頭することが許される社会的に恵まれたエリートでした。そうした点からも、昭和一けた台に誕生す

金精峠で捕虫網を手にポーズを決める学生虫屋時代の養老孟司さん。左は、写真提供の山崎和男・広島大学名誉教授（1950年代半ば）

る大衆的な昆虫少年とは明らかに質が違う存在です。やはり、今でいう昆虫少年は昭和に誕生した文化であると言いうるでしょう。

※参考文献
『白水隆アルバム―日本蝶会の回想録』（白水隆文庫刊行会）、月刊『むし』（２００４年6月号　むし社）、『虫の文化誌』（小西正泰　朝日選書）、『山の旅　明治・大正編』（近藤信行編　岩波文庫）、『ユリイカ　詩と批評』（１９９１年10月号　青土社）

エピローグ

終戦が4日後に迫る1945年8月11日、本土決戦も辞さぬ悲壮な雰囲気が国中に満ちていた頃です。ある青年がまなじりを決して銃剣を握りしめていました。否、握りしめていたのは銃剣ではなく、竹やりでもなく、白いネットの捕虫網でありました。青年の名は、斉藤宗吉《そうきち》。昆虫学者になるべく、この年に旧制松本高校に進学しました。後年、北杜夫のペンネームで芥川賞を受賞し、「どくとるマンボウ」シリーズでベストセラーを連発するこの若者は独り、昆虫採集に精を出していたのです。同じ頃、関西ではこちらもやはり、捕虫網を握りしめて野山を駆け回る、同じ世代の若者がいました。丸めがねをかけています。その名は、手塚治（虫）。戦後間もなく、漫画やアニメーションの先駆者として、世界的な影響を与えた天才。国家存亡の危機にあった時代、非国民、亡国の徒のそしりを受けて不思議でない行動と承知の上で、それでもチョウを追いかけずにはいられませんでした。己が、生きる意味を追いかけるように——。

本書を読んでいただけば分かることですが、虫屋にとって、虫を語るということは人生を語るに等しいものです。少年時代の感傷をただ口にするのとは訳が違います。そんな虫屋という人種は、世間において、必ずしも人付き合いが良いとは言えないかも知れません。少数派意識が、ときに被害者意識に転化する側面があることも一因でしょう。

私が目を覚まされたのは、化学者の白川英樹氏に、昆虫が好きな理由を聴いた時です。「だって、きれいじゃないですか」。白川氏はあの柔和な表情を崩さず、しかし当然でしょうという口調で言いました。

われわれ虫屋はいつからか、理論武装する癖が付き、次のようなことを口走ってしまう傾向にあるのです。曰《いわ》く、地球上の動物の75％を占める昆虫は疫病克服などに貢献する一大遺伝子資源とか、4億年以上前に登場した昆虫は先住民で彼らから見れば人類はつい最近の新参者とか、野菜や果物など農作物栽培はハチをはじめ昆虫の協力なくして成り立たないとか、人類は昆虫がいなければ生きていけないが昆虫は人間なんかいなくても生きていけるとか。いずれも真実（誇張は含みつつ）であるものの後付けであって、相手を納得させられたことはまれで、はっきりとした効果を発揮したためしはないのですが…。やはり昆虫に惹《ひ》かれた原点は、チョウなどのきれいさであり、甲虫類のかっこうよさであり、その魅力から生涯逃れられない理由でもあるでしょう。

「なんてヘンテコなオジサンたち！」。知人の妙齢女性が、読売新聞ホームページ（HP）に連載していた当時の記事を読んで、つぶやいたセリフです。〈あのね、ここに登場したお歴々は現代日本を代表する知識人、碩学なんだよ。それをヘンテコとは…〉。私はのど元まで言いかけて、はたと言葉をのみ込みました。世間の常識からして無理もないかな、と感じたからです。〈虫を捕るときは、虫と目を合わせたらだめ――養老孟司氏〉〈おれにはチョウがあったなぁ――山本東次郎氏〉〈虫との対話が自分を育てた――奥本大三郎氏〉〈昆虫はわたしの人生にとってほんとうに重要――中村哲氏〉〈トキもパンダもアオスジアゲハも等価値――福岡伸一氏〉〈チョウの採集は武道に通じるものがある――茂木健一郎氏〉等々。本書に登場する各界虫屋に共通することは、自分の好きなことを、他人の目を気にせず、正々堂々楽しんでいることでしょうか。私はインタビューを通じ、初めて知った事実も多かったのですけれど、例えば私生活では少なからずが、離婚・再婚者であられるなど、社会からの有形無形の圧力をモノともせず、我が道をゆく人たちなのでした。

このエピローグは2011年3月4日の夜から書き始めました。――あの日、東京・東銀座の本社にいた私は地震後すぐ、同僚の記者とともにハイヤーで出発しました。未明に東北地方に入りましたが、最初に目にした沿岸部は〈戦火の焦土〉という言葉を想起する状態で、家屋はなぎ倒され、無数の車が水没し、被災者の列が土手を移動するわきで、ご遺体が搬送されていました。今日まで延べ約50日の現地取材では、離島の避難所の隅に泊まらせていただいて津波被害のルポや、盲導犬と視覚障害者が直面した過酷な状況などを記事にしました。この本に登場する方たちのおよそ半分は、少年時代に第2次世界大戦を経験しています。私はインタビューで、戦中戦後の昆虫少年たちの話を聞いたものの、空襲の恐怖や飢えの苦しみを理解することは容易でありませんでした。が、今回の大震災によって、戦中戦後の時代というものが図らずも、実感をともなって理解できた部分がありました。

生物全般に詳しい昆虫学者の矢島稔氏（多摩動物公園園長や日本鳥類保護連盟会長など歴任）から、昆虫を研究するようになった理由を聴いたことがあります。矢島さんは15歳で終戦を迎えましたが、国民が失意と疲労困憊のどん底にいる中で、アゲハチョウの幼虫が焼け野原に生えたカラタチの葉をむしゃむしゃと食べ、トンボが爆弾で出来た水たまりで盛んに産卵する姿を見ました。その生命力の強さに感嘆し、同時に強い興味を持ったそうです。そうした中で、本書で幾度も登場する全国横断的な組織「京浜昆虫同好会」を、若い虫仲間同志で発足させたのでした。先日、矢島さんからいただいた手紙には、戦後焦土と化した日本が復興するのと軌を一にして昆虫少年があまた出現し、野山を駆けめぐったように、災後の今日も、子供たちが屈託のない笑顔で虫を追いかける、そうした光景が一日も早くよみがえることを心から祈っていると、つづられていました。

本書のもととなった連載は、「大人になった虫捕り少年」のタイトルで読売新聞HPにアップされました。東京本社メディア戦略局の三沢明彦・編集部長（当時）から連載の依頼を受け、HPのコンテンツが刷新されるにあたり、そのトップバッターとして2008年12月スタートしました。連載の構想段階で、私の念頭には『バカの壁』の養老孟司氏を初回、〝クオリア〟の茂木健一郎氏を最終回に、登場してもらうことがありました。昆虫少年の文化が受け継がれていくことを願い、各世代の虫屋を代表する人選にしたいと考えたためです。

連載では読者からの投稿欄があり、反響をすぐに実感できたのは、ウェブ連載ならばこそでした。一般の女性や、海外在住の方からのコメントが寄せられたことは特に新鮮に感じました。

書籍化にあたっては、連載時にあったチョウ屋の廣田日出樹氏によるカラー版画と、私が気ままに書いたエッセー（メキシコの集団越冬地を旅した「モナルカチョウ紀行」など計10編）は未収録となりました。いずれもウェブならではの自由闊達な（というかマニアックな）ものだったのですが、すべて収めると辞書のような厚さになってしまうこともあり、断腸の思いであきらめました（廣田氏の版画の一部は第1章で、福岡伸一、北杜夫、茂木健一郎の各氏がそれぞれ手に持たれています）。

その一方、書き下ろしの形で、〈第2章　昆虫少年の誕生と最期〉〈プロローグ　昆虫少年という文化〉を収録しました。前者は、手塚治虫氏の実弟浩氏と、日本の昆虫文化の中核をなすアマチュア研究者の理想像というべき、木下總一郎氏に本音で語ってもらい、また私自身が昆虫少年の歴史を解釈した小文を書きました。後者では、詩人アーサー・ビナード氏が、米国の元昆虫少年ならではの昆虫少年文化論を論じてくれました。

ビナード氏は少年時代、父親を不慮の飛行機事故で亡くした経験を持ち、震災で家族を失った子供たちから目をそらせないと言います。〈昆虫少年〉のテーマでインタビューを申し込んだのは2011年2月下旬、取材は3月末。結果として、3・11以降の昆虫と生態系、ひいては生物多様性を考える時、最も相応しい方から話を聴けたと感じています。

〈全国の虫屋が作り上げたような本ですね〉。朝日出版社で編集を担当してくださった村上直哉氏がいみじくも口にした言葉は、本書の成り立ちをうまく表しています。表紙・裏表紙のイラストなど各界に〝分布〟する多芸な虫屋の無償の協力があったからこそ、実現したものだからです。上梓の最終段階では、同社社長の原雅久氏、文系虫屋の先達であるドイツ文学者岡田朝雄氏から親身のご助言をいただき、感謝に堪えません。

2012年1月

宮沢輝夫

あ

宮沢輝夫（みやざわ・てるお）

1972年10月、東京生まれ。昆虫少年として育ち、学生時代は海野和男や今森光彦にあこがれ、自然写真家を志した。大学在学中の1995年、小説「ハチの巣とり名人」で第7回舟橋聖一顕彰青年文学賞受賞。読売新聞入社後、尾瀬や小笠原諸島など日本を代表する自然を精力的に取材。昆虫はじめ、動植物や生物多様性に関心が高く、読売新聞環境面で「いきものファイル」を連載している。日本自然科学写真協会（SSP）などの会員。

大人になった虫とり少年

２０１２年６月10日　初版第１刷発行
２０１２年７月20日　初版第２刷発行

編著者　宮沢輝夫
発行者　原　雅久
発行所　朝日出版社
東京都千代田区西神田３・３・５
〒１０１・００６５
電話03・３２６３・３３２１（代表）
http://www.asahipress.com/
印刷・製本　図書印刷株式会社

ISBN 978-4-255-00637-6 C0095

定価はカバーに表示してあります。